国家级高技能人才培训基地建设项目成果教材

金工实训指导

主　编　潘媛媛　周向阳
副主编　钱仁寅　赖巧颖　王绪芳

中国劳动社会保障出版社

图书在版编目（CIP）数据

金工实训指导/潘媛媛主编．—北京：中国劳动社会保障出版社，2014
国家级高技能人才培训基地建设项目成果教材
ISBN 978－7－5167－1166－8

Ⅰ．①金…　Ⅱ．①潘…　Ⅲ．①金属加工-实习-技术培训-教材　Ⅳ．①TG－45

中国版本图书馆 CIP 数据核字（2014）第 118382 号

中国劳动社会保障出版社出版发行
（北京市惠新东街 1 号　邮政编码：100029）

*

三河市华骏印务包装有限公司印刷装订　新华书店经销
787 毫米×1092 毫米　16 开本　4.5 印张　99 千字
2014 年 6 月第 1 版　2014 年 6 月第 1 次印刷
定价：11.00 元

读者服务部电话：（010）64929211/64921644/84643933
发行部电话：（010）64961894
出版社网址：http://www.class.com.cn

前　言

人力资源是第一资源，人才优势是第一优势。技能人才是人才队伍的重要组成部分，是推动经济发展和社会进步的重要力量。在全面建成小康社会、加快推进现代化建设的关键时期，无论是经济转型升级，还是创新社会管理，都更加需要技能人才的支撑。因此，加快培养一支具有良好职业素养、专业知识和技能水平的高素质技能人才队伍，已成为我们肩负的一项历史责任。

近年来，在国家一系列促进就业政策的推动下，各地积极畅通就业渠道、强化技能培训，把人口压力转化为人力资源优势，保持了就业形势的基本稳定。但是，伴随产业结构调整、经济转型升级和社会管理创新的进程，就业趋向的变化会进一步显现，就业结构的调整会进一步加快，就业技能更新和提升的要求会进一步突出。要解决这些发展中的矛盾和问题，就必须牢固树立素质就业和终身培训的理念，努力构建面向全体劳动者的职业技能培训制度。这是我们的必由之路，同时也是当今世界各发达国家在人才队伍建设上的一条共同经验。

为探索建立具有自身特点的高技能人才培训体系，杭州市公共实训基地按照国家级高技能人才培训基地项目建设的要求，整合社会资源，创新体制机制，着手开展高技能人才培训师资队伍建设和教材体系开发等工作。在杭州职业技术学院的大力支持下，基地组织相关专家编写了先进机械制造、电工电子与自动化、食品与药品分析检测等专业（职业）高级工技能实训指导教材，该系列教材既注重了高级工应掌握的基本理论和“四新”要求，又强化了岗位实际操作技能训练的特点，具有较强的指导性和实用性，是一套适应高技能人才岗位技能培训与鉴定的好教材。希望这套实训教材的出版，能为培养更多技能人才提供有针对性的指导，帮助广大职工和青年学习职业技能、立足岗位成才。同时，也希望以此为契机，进一步促进政府部门、职业院校和行业企业加强协作，强化国家级高技能人才培训基地各项基础工程建设，真正把它建设成高技能人才的“孵化器”，使之成为推广运用新技术和新工艺的“方向标”，努力营造全社会“崇尚一技之长、不唯学历凭能力”的浓厚氛围。

杭州市人力资源和社会保障局副局长

方海洋

2014 年 4 月

目　录

实训安全须知

一、实训室安全管理制度

1. 进入实训室必须穿戴合身的工作服、工作帽和相应的防护用品，女同学必须把长发塞入帽内；禁止穿高跟鞋、拖鞋、凉鞋、裙子、短裤。

2. 听从指导教师安排，到指定位置就位，认真填写实训使用登记表，不得在实训室内大声喧哗、嬉戏追逐；不得把食物或与实训无关的东西带入实训室，禁止吸烟。

3. 实训前若发现仪器损坏，应立即报告指导教师处理。

4. 为了保证设备安全及实训质量，学生实训前必须按设备操作要求、实训指导书进行预习，经检查确定未预习者，禁止参加实训。

5. 学生在实训操作过程中造成仪器损坏，应立即停止操作并报告指导教师和维修管理人员，由教师和学生共同分析其损坏原因，若确系学生操作不当所致，应提交基地相关管理部门根据损失情况进行赔偿。

6. 实训过程中必须注意人身和设备的安全，要求做到以下两点：

(1) 禁止从事一切未经指导教师同意的操作。

(2) 不得随意触摸、启动各种开关；不得随意开动机床。

7. 学生实训完毕，应请教师共同检查仪器，确信无损后，方可离开；否则，后续学生实训前发现该仪器损坏，将追究前组教师和学生的责任。

8. 实训结束必须认真整理设备及工具材料，保持实训桌面清洁、整齐，经实训指导教师清点确认后方可离开。

9. 实训室对违反上述各项规定者有权提出批评，责令检讨，停止实训。对实训中损坏仪器、设备者，酌情赔偿经济损失。

二、实训室学员实训守则

1. 实训教学是培养高技能人才的一个重要实践环节，学员进入实训室前必须了解实训室的基本情况，接受必要的安全教育，严格遵守各项规章制度，遵守实训纪律。

2. 学员必须在指定的时间参加实训，不得迟到、早退，按规定时间的实训项目和划分的实训组进行实训，不得提前和跨组实训。

3. 实训前必须认真预习实训指导书及实训内容，明确实训目的、步骤和注意事项，准确回答指导教师的提问，经指导教师许可方能实训。

4. 实训准备就绪，必须经指导教师许可方能实训。实训时必须严格遵守设备操作规程，认真操作，仔细观察，不得草率敷衍。

5. 爱护仪器、设备，不准动用与本实训无关的仪器、设备及物品，严禁将实训室财物带出室外，节约用水、电、材料等。如发现仪器、设备损坏要及时向指导教师报告，填写事故报告单，属责任事故的，应按有关管理规定追究并按规章制度赔偿。

6. 遵守安全规定，注意实训安全，防止发生人身和仪器、设备事故。一旦发生事故，要立即切断电源、气源，保护现场并及时报告指导教师，采取正确的应急措施，防止事故扩大，保护人身和财产安全，待查明原因并排除故障后，方可继续实训。

7. 严禁在实训室内喧哗、吃东西、抽烟和随地吐痰，废弃物要放入指定地点，保证实训室及仪器、设备整洁，如有违反，指导教师有权让其停止实训，责任自负。

8. 实训完毕，必须进行检查、整理、清洁、复原等工作，清洁实训场地，切断气源、电源、水源，经指导教师检查后方可离开。

三、安全操作规程

1. 车床安全操作规程

(1) 操作人员应穿工作服并扎紧袖口，工作时不准戴手套，长发、长辫应塞入帽内，严禁穿短袖、裙子及拖鞋。

(2) 工作前应检查机械、仪表及工具、夹具等完好情况，并空车试转 2 ~ 3 min。

(3) 装卸卡盘及大的工件时，应在主轴孔内穿铜管并在床身上垫坚实的木块，不准开车装卸。

(4) 加工偏心较大的工件时，应加平衡块，设置托架及围栏，装有重大工件在下班时应进行支垫。

(5) 车削薄壁工件时应将工件夹紧，严格控制切削用量，并随时紧固刀架螺

钉，车刀不宜伸出过长。车内孔不能用锉刀倒角，不准将手指伸入孔内。

(6) 使用锉刀抛光时应右手在前，左手握锉柄，并将刀架退到安全位置，禁止使用砂布裹在工件上抛光。

(7) 改变转速，测量尺寸、精度，变动工件位置，校正刀具及操作人员离岗时必须停车。

(8) 切削脆性金属或高速切削时应戴防护眼镜，并按切屑飞射方向加设挡板。

(9) 机床运转中，严禁用手清除切屑及边角料。缠在刀具、工件上的切屑，必须在停车后用铁钩清除。

(10) 工作结束后应切断电源，退出刀架，将各部位手柄放在空挡位置，并擦拭机床，做好保养、清洁及交接班工作。

2. 铣床安全操作规程

(1) 操作前要穿紧身工作服，将袖口扣紧，上衣下摆不能敞开，严禁戴手套，不得在开动的机床旁穿脱衣服，防止被机器绞伤。必须戴好安全帽，辫子应放入帽内，不得穿裙子、拖鞋。戴好防护镜，以防切屑飞溅伤眼，并在机床周围安装挡板，使其与操作区隔离。

(2) 工件装夹前，应拟定装夹方法。装夹毛坯时工作台面要垫好，以免损伤工作台。

(3) 移动工作台时应打开紧固螺钉，工作台不移动时紧固螺钉应拧紧。

(4) 装卸刀具时，应保持铣刀锥体部分和主轴锥孔的清洁，并要装夹牢固。高速切削时必须戴好防护镜。工作台不准堆放工具、工件等，注意刀具和工件的距离，防止发生撞击事故。

(5) 安装铣刀前应检查刀具是否对号、完好，铣刀尽可能靠近主轴安装，装好后要试车。工件装夹应牢固。

(6) 工作时应先手动进给，然后逐步自动进给 。自动进给时，拉开手轮，注意限位挡块是否牢固，不准放到头，不要走到两个极端而撞坏丝杆；使用快速行程时，要事先检查是否会发生相撞等情况，以免碰坏机件或铣刀碎裂飞出伤人。经常检查手柄内的保险弹簧是否有效、可靠。

(7) 切削时禁止用手摸切削刃和加工部位。测量和检查工件必须停车进行，切削时不准调整工件。

(8) 主轴停止前须先停止进给。如背吃刀量较大时，退刀前应先停车，配置交换齿轮时须切断电源，齿轮间隙要适当，交换齿轮架背母要紧固，以免造成脱落；加工毛坯时转速不宜太快，要选好背吃刀量和进给量。

(9) 发现机床有故障时应立即停车，检查并报告有关部门派机修工修理。工作完毕应做好清理工作，并关闭电源。

3. 钳工安全操作规程

(1) 钳工工作台两面工作时，中间应设隔离金属网，锉刀必须有锉柄。

(2) 打锤时不戴手套，不要用卷边和有毛刺的锤子。

(3) 不准使用不适合的扳手拧螺钉，活扳手不准反向使用，拧螺钉不可用力过猛。

(4) 铲子在顶部形成的毛刺须用砂轮磨掉。

(5) 锉刀不准当锤子、撬棍使用，禁止用无柄锉刀的根尖当錾子使用，锉刀锉下的粉末不准用嘴吹。

(6) 使用电钻时应有接地线，遇到下列情况须切断电源：

1) 停电时。

2) 休息时。

3) 离开工作岗位时。

(7) 拆卸和举升机械时，身体站立位置应能避开机械跌落的位置，并须注意其他人安全。

(8) 手柄的手握位及锤面的顶端均不可沾油脂。

(9) 设备应保持清洁、整齐，成品、半成品和工具不得乱扔。

(10) 不可将手放在运转中的机械和工作物上。

模块一　金工常用量具

金工是指机械加工的总称。学生的金工实习是包括安全操作、车工、铣工、钳工、铸造、数控加工、表面处理等内容在内的多工种的基本训练。它是一门实践性的技术基础课，是工科学生学习机械制造的基本工艺方法和技术，是完成工程基本训练的必修课，从程度上主要分三部分：安全操作，这是机械加工的必修课；车削加工 、铣削加工、钳加工；数控车、数控铣、线切割。

以下介绍金工常用量具的使用方法。

一、钢直尺

钢直尺是最简单的长度量具，它的长度有 150 mm、300 mm、500 mm 和 1 000 mm 四种规格。图 1—1 所示为常用的 150 mm 钢直尺。

图 1—1　150 mm 钢直尺

钢直尺用于测量零件的尺寸（见图 1—2 ~ 图 1—6）和划线（见图 1—7），测量结果不太准确。这是由于钢直尺的刻线间距为 1 mm，而刻线本身的宽度就有 0.1 ~ 0.2 mm，所以测量时读数误差比较大，只能读出毫米数，即它的最小读数值为 1 mm，比 1 mm 小的数值只能估计而得。

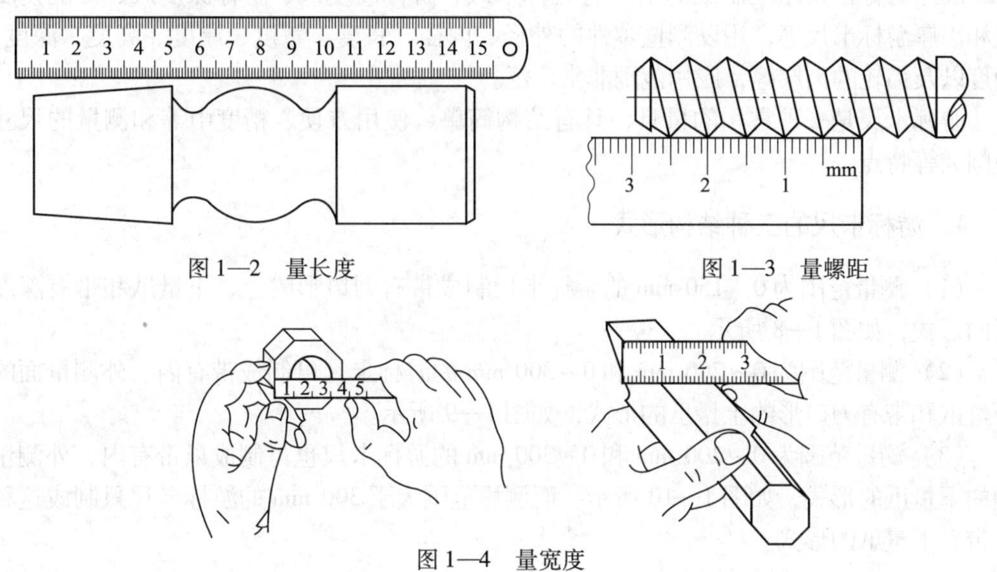

图 1—2　量长度

图 1—3　量螺距

图 1—4　量宽度

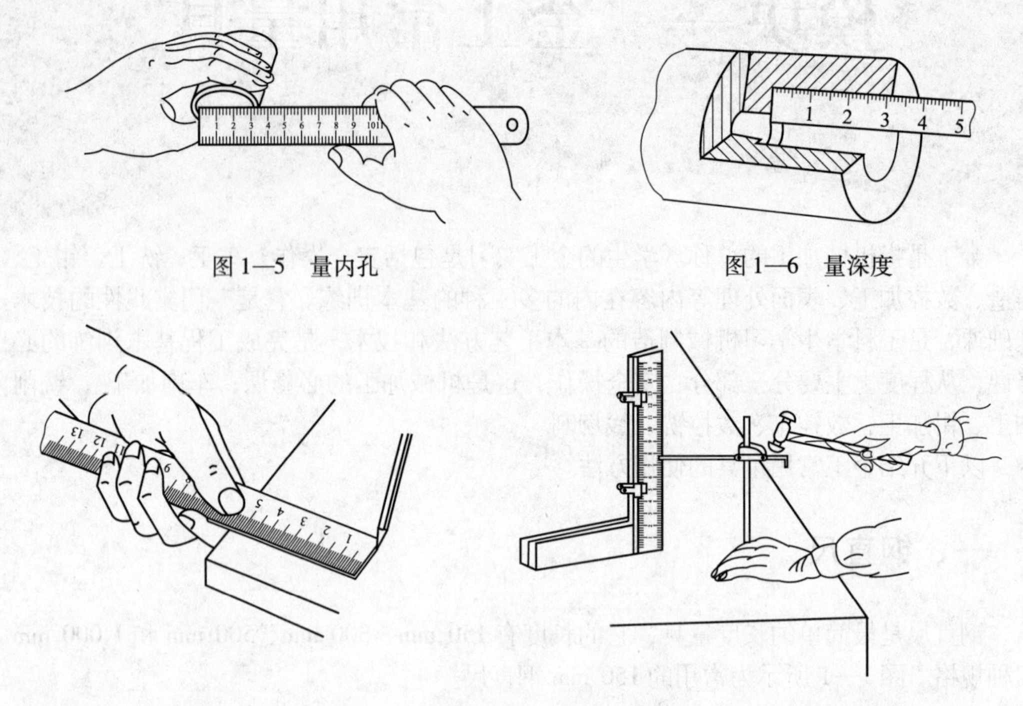

图 1—5　量内孔　　　　图 1—6　量深度

图 1—7　划线

如果用钢直尺直接去测量零件的直径尺寸（轴径或孔径），则测量精度更差。其原因是：除了钢直尺本身的读数误差比较大外，还由于钢直尺无法正好放在零件直径的正确位置。所以，零件直径尺寸的测量常利用钢直尺和内、外卡钳配合进行。

二、游标卡尺

应用游标读数原理制成的量具有游标卡尺、游标高度尺、游标深度尺、万能角度尺和齿厚游标卡尺等，用以测量零件的外径、内径、长度、宽度、厚度、高度、深度、角度以及齿轮的齿厚等，应用范围非常广泛。

游标卡尺是一种常用的量具，具有结构简单、使用方便、精度中等和测量的尺寸范围大等特点。

1. 游标卡尺的三种结构形式

（1）测量范围为 0 ~ 150 mm 的游标卡尺制成带有刀口形的上、下量爪和带有深度尺的形式，如图 1—8 所示。

（2）测量范围为 0 ~ 200 mm 和 0 ~ 300 mm 的游标卡尺可制成带有内、外测量面的下量爪和带有刀口形的上量爪的形式，如图 1—9 所示。

（3）测量范围为 0 ~ 200 mm 和 0 ~ 300 mm 的游标卡尺也可制成只带有内、外测量面的下量爪的形式，如图 1—10 所示。而测量范围大于 300 mm 的游标卡尺只制成这种仅带有下量爪的形式。

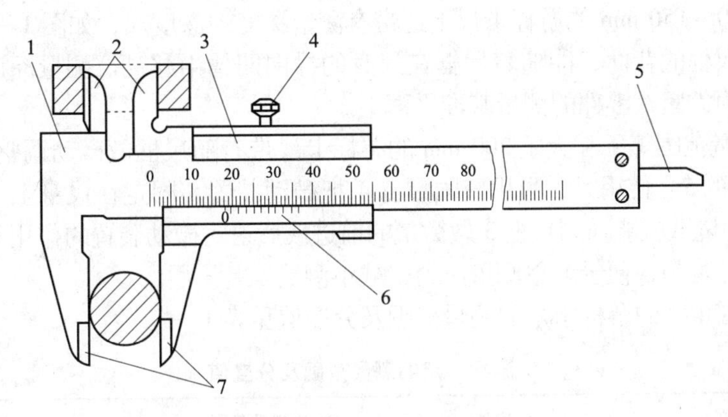

图 1—8　测量范围为 0 ~ 150 mm 的游标卡尺

1—尺身　2—上量爪　3—尺框　4—紧固螺钉　5—深度尺　6—游标　7—下量爪

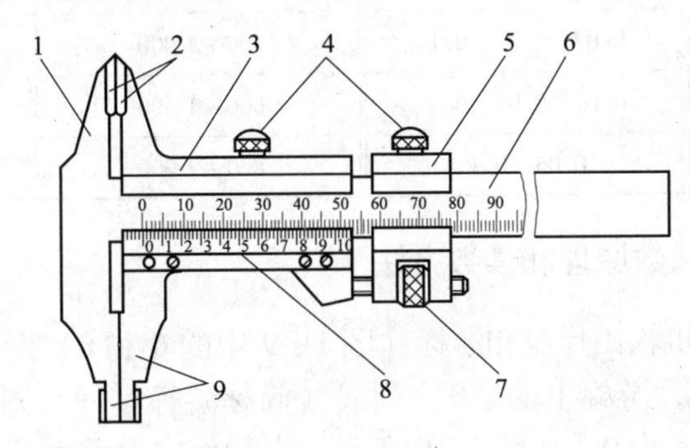

图 1—9　测量范围为 0 ~ 200 mm 和 0 ~ 300 mm 的游标卡尺（1）

1—尺身　2—上量爪　3—尺框　4—紧固螺钉　5—微动装置

6—尺身　7—微动螺母　8—游标　9—下量爪

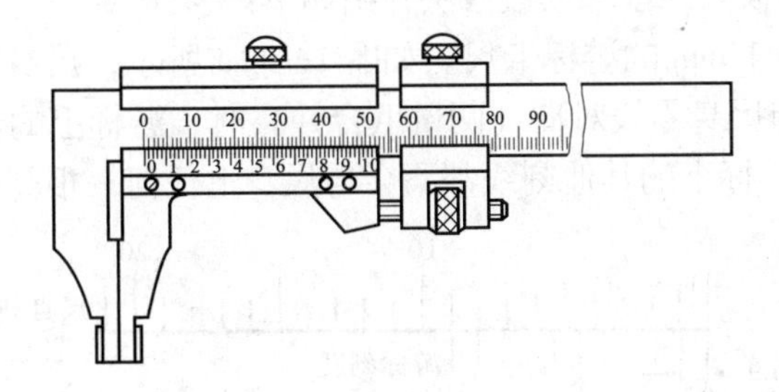

图 1—10　测量范围为 0 ~ 200 mm 和 0 ~ 300 mm 的游标卡尺（2）

2. 游标卡尺的组成

游标卡尺主要由下列几部分组成：

（1）具有固定量爪的尺身，如图 1—8 中的 1。尺身上有类似钢直尺一样的刻度，如图 1—9 中的 6。尺身上的刻线间距为 1 mm。尺身的长度决定游标卡尺的测量范围。

（2）具有活动量爪的尺框，如图 1—9 中的 3。尺框上有游标，如图 1—9 中的 8，游标卡尺的分度值可制成 0. 1 mm、0. 05 mm 和 0. 02 mm 三种。分度值是指使用这种游标卡尺测量零件尺寸时上能够读出的最小数值。

（3）在 0 ~ 150 mm 的游标卡尺上还带有测量深度的深度尺，如图 1—8 中的 5。深度尺固定在尺框的背面，能随着尺框在尺身的导向凹槽中移动。测量深度时，应把尺身尾部的端面靠紧在零件的测量基准平面上。

（4）测量范围等于和大于 200 mm 的游标卡尺带有随尺框做微动调整的微动装置，如图 1—9 中的 5。使用时，先用紧固螺钉 4 把微动装置 5 固定在尺身上，再转动微动螺母 7，活动量爪就能随同尺框 3 做微量的前进或后退。微动装置的作用是使游标卡尺在测量时用力均匀，便于调整测量压力，减小测量误差。

目前我国生产的游标卡尺的测量范围及分度值见表 1—1。

表 1—1　　游标卡尺的测量范围及分度值　　mm

测量范围	分度值	测量范围	分度值
0 ~ 25	0.02、0.05、0.1	300 ~ 800	0.05、0.1
0 ~ 200	0.02、0.05、0.1	400 ~ 1 000	0.05、0.1
0 ~ 300	0.02、0.05、0.1	600 ~ 1 500	0.05、0.1
0 ~ 500	0.05、0.1	800 ~ 2 000	0.1

3. 游标卡尺的读数原理和读数方法

游标卡尺的读数机构由尺身和游标（图 1—9 中的 6 和 8）两部分组成。当活动量爪与固定量爪贴合时，游标上的“0”刻线（简称游标零线）对准尺身上的“0”刻线，此时量爪间的距离为 0，如图 1—9 所示。当尺框向右移动到某一位置时，固定量爪与活动量爪之间的距离就是零件的测量尺寸，如图 1—8 所示。此时零件尺寸的整数部分可在游标零线左边的尺身刻线上读出，而比 1 mm 小的小数部分可借助游标读出。现把三种游标卡尺的读数原理和读数方法介绍如下：

（1）分度值为 0.1 mm 的游标卡尺。如图 1—11a 所示，尺身刻线间距（每格）为 1 mm，当游标零线与尺身零线对准（两量爪合并）时，游标上的第 10 根刻线正好指向尺身上的 9 mm，而游标上的其他刻线都不会与尺身上任何一根刻线对准。

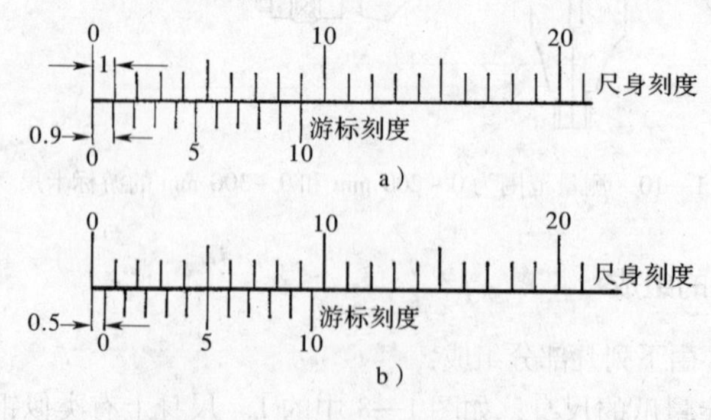

图 1—11　游标卡尺读数原理

游标每格间距 = 9 mm ÷ 10 = 0.9 mm

尺身每格间距与游标每格间距相差 = 1 mm − 0.9 mm = 0.1 mm

0.1 mm 即为此游标卡尺上游标所读出的最小数值。

当游标向右移动0.1 mm时，则游标零线后的第1根刻线与尺身刻线对准。当游标向右移动0.2 mm时，则游标零线后的第2根刻线与尺身刻线对准，以此类推。若游标向右移动0.5 mm，如图1—11b所示，则游标上的第5根刻线与尺身刻线对准。由此可知，游标向右移动不足1 mm的距离虽不能直接从尺身上读出，但可以由游标的某一根刻线与尺身刻线对准时该游标刻线的次序数乘以其分度值而读出小数值。例如，图1—11b的尺寸为5×0.1=0.5（mm）。

另有一种读数值为0.1 mm的游标卡尺，如图1—12a所示，是将游标上的10格对准尺身的19 mm，则游标每格间距=19 mm÷10=1.9 mm，使尺身两格间距与游标一格间距相差=2－1.9=0.1（mm）。这种增大游标间距的方法读数原理并未改变，但使游标线条清晰，更容易看准读数。

在游标卡尺上读数时，首先要看游标零线的左边，读出尺身上尺寸的整数是多少毫米，其次是找出游标上第几根刻线与尺身刻线对准，用该游标刻线的次序数乘以其分度值读出尺寸的小数，整数和小数相加的总值就是被测零件尺寸的数值。

在图1—12b中，游标零线在2 mm与3 mm之间，其左边的尺身刻线是2 mm，所以被测尺寸的整数部分是2 mm。再观察游标刻线，这时游标上的第3根刻线与尺身刻线对准，所以，被测尺寸的小数部分为3×0.1=0.3（mm），被测尺寸为2+0.3=2.3（mm）。

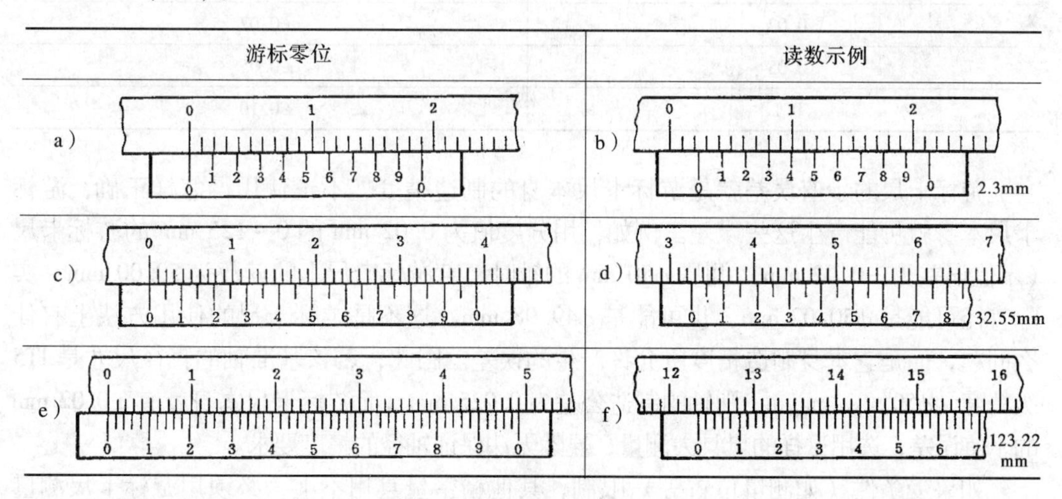

图1—12　游标零位和读数示例

（2）游标读数值为0.05 mm的游标卡尺。如图1—12c所示，尺身每小格为1 mm，当两量爪合并时，游标上的20格刚好等于尺身的39 mm，则游标每格间距=39 mm÷20=1.95 mm，尺身两格间距与游标一格间距相差=2－1.95=0.05（mm）。0.05 mm即为这种游标卡尺的最小读数值。同理，也有用游标上的20格刚好等于尺身上的19 mm，其读数原理不变。

在图1—12d中，游标零线在32 mm与33 mm之间，游标上的第11根刻线与尺身刻线对准。所以，被测尺寸的整数部分为32 mm，小数部分为11×0.05=0.55（mm），被测尺寸为32+0.55=32.55（mm）。

（3）游标读数值为0.02 mm的游标卡尺。如图1—12e所示，尺身每小格为1 mm，当两量爪合并时，游标上的 50 格刚好等于尺身上的 49 mm，则游标每格间距 = 49 mm ÷ 50 = 0.98 mm，尺身每格间距与游标每格间距相差 = 1 − 0.98 = 0.02（mm）。0.02 mm 即为这种游标卡尺的最小读数值。

在图 1—12f 中，游标零线在 123 mm 与 124 mm 之间，游标上的 11 根刻线与尺身刻线对准，所以，被测尺寸的整数部分为 123 mm，小数部分为 11 × 0.02 = 0.22（mm），被测尺寸为 123 + 0.22 = 123.22（mm）。

人们希望直接从游标上读出尺寸的小数部分，而不要通过上述的换算，为此，可把游标的刻线次序数乘以其分度值所得的数值标记在游标上，这样读数就方便了。

4. 游标卡尺的测量精度

测量或检验零件尺寸时，要按照零件尺寸的精度要求选用相适应的量具。游标卡尺是一种中等精度的量具，它只适用于中等精度尺寸的测量和检验。用游标卡尺去测量锻、铸件毛坯或精度要求很高的尺寸都是不合理的。前者容易损坏量具，后者测量精度达不到要求，因为量具都有一定的示值误差，游标卡尺的示值误差见表 1—2。

表 1—2　　游标卡尺的示值误差　　mm

分度值	示值误差
0.02	±0.02
0.05	±0.05
0.1	±0.10

游标卡尺的示值误差就是游标卡尺本身的制造精度，不论使用得怎样正确，游标卡尺本身就可能产生这些误差。例如，用分度值为 0.02 mm 的 0 ~ 125 mm 的游标卡尺（示值误差为 ±0.02 mm）测量 ϕ50 mm 的轴时，若游标卡尺上的读数为 50.00 mm，实际直径可能是 ϕ50.02 mm，也可能是 ϕ49.98 mm。这不是游标卡尺的使用方法上有什么问题，而是它本身制造精度所允许产生的误差。因此，若该基准轴的直径尺寸是 IT5 级精度（$\phi 50^{0}_{-0.025}$ mm），则轴的制造公差为 0.025 mm，而游标卡尺本身就有 ±0.02 mm 的示值误差，选用这样的量具去测量，显然无法保证轴径的精度要求。

如果受条件（如测量位置等）限制，其他精密量具用不上，必须用游标卡尺测量较精密的零件尺寸时，可以用游标卡尺先测量与被测尺寸相当的量块，消除游标卡尺的示值误差（称为用量块校对游标卡尺）。例如，要测量上述 ϕ50 mm 的轴时，先测量 50 mm 的量块，看游标卡尺上的读数是否正好为 50 mm。如果不是 50 mm，则比 50 mm 大或小的数值就是游标卡尺的实际示值误差，测量零件时，应把此误差作为修正值考虑进去。例如，测量 50 mm 量块时，游标卡尺上的读数为 49.98 mm，即游标卡尺的读数比实际尺寸小 0.02 mm，则测量轴时应在游标卡尺的读数上加上 0.02 mm，才是轴的实际直径尺寸；若测量 50 mm 量块时的读数是 50.01 mm，则在测量轴时应在读数上减去 0.01 mm，才是轴的实际直径尺寸。另外，游标卡尺测量时的松紧程度（即测量压力的大小）和读数误差（即看准是哪一根刻线对准）对测量精度影响也很大。所以，当必须用游标卡尺测量精度要求较高的尺寸时，最好采用与测量相等尺寸的量块相比

较的办法。

5. 游标卡尺的使用方法

量具使用得是否合理，不但影响量具本身的精度，而且直接影响零件尺寸的测量精度，甚至发生质量事故，造成不必要的损失。所以，必须重视量具的正确使用，对测量技术精益求精，以便获得正确的测量结果，确保产品质量。

使用游标卡尺测量零件尺寸时必须注意下列几点：

（1）测量前应把游标卡尺擦干净，检查其两个测量面和测量刃口是否平直、无损，把两个量爪紧密贴合时应无明显的间隙，同时游标和尺身的零位刻线要相互对准。这个过程称为校对游标卡尺的零位。

（2）移动尺框时活动要自如，不应过松或过紧，更不能有晃动现象。用紧固螺钉固定尺框时，游标卡尺的读数不应有所改变。在移动尺框时，不要忘记松开紧固螺钉，也不宜过松，以免脱落。

（3）当测量零件的外尺寸时，游标卡尺两测量面的连线应垂直于被测量表面，不能歪斜。测量时，可以轻轻摇动游标卡尺，放正垂直位置，如图 1—13a 所示；否则，量爪若在如图 1—13b 所示的位置上，将使测量结果 a 比实际尺寸 b 大。实际测量时，先把游标卡尺的活动量爪张开，使量爪能自由地卡进工件，把零件贴靠在固定量爪上，然后移动尺框，用轻微的压力使活动量爪接触零件。如游标卡尺带有微动装置，此时可拧紧微动装置上的紧固螺钉，再转动调节螺母，使量爪接触零件并读取尺寸。绝不可把游标卡尺的两个量爪调节到接近甚至小于所测尺寸，把游标卡尺强制地卡到零件上去。这样做会使量爪变形，或使测量面过早磨损，使游标卡尺失去应有的精度。

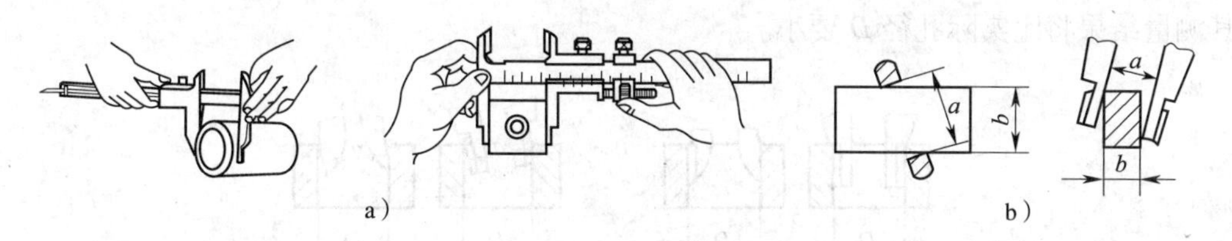

图 1—13　测量外尺寸时正确与错误的位置

a）正确　b）错误

测量沟槽时，应用量爪的平面测量刃进行测量，尽量避免用端部测量刃和刀口形量爪去测量外尺寸。而对于圆弧形沟槽尺寸，则应当用刀口形量爪进行测量，不应当用平面测量刃进行测量，如图 1—14 所示。

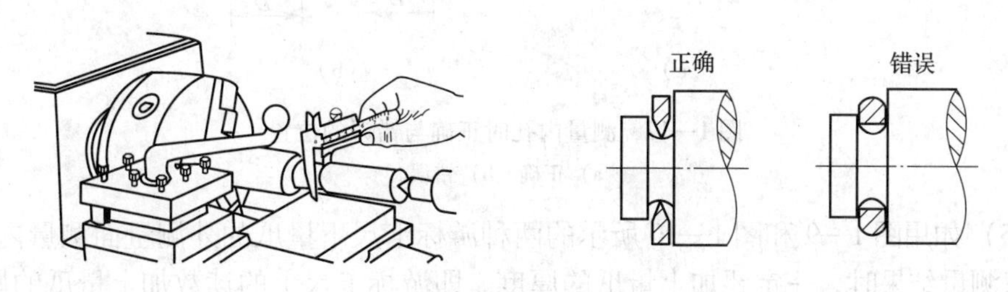

图 1—14　测量沟槽时正确与错误的位置

测量沟槽宽度时也要放正游标卡尺的位置，应使游标卡尺两测量刃的连线垂直于沟槽，不能歪斜；否则，量爪若在如图 1—15 所示的错误位置上，也将使测量结果不准确（可能大也可能小）。

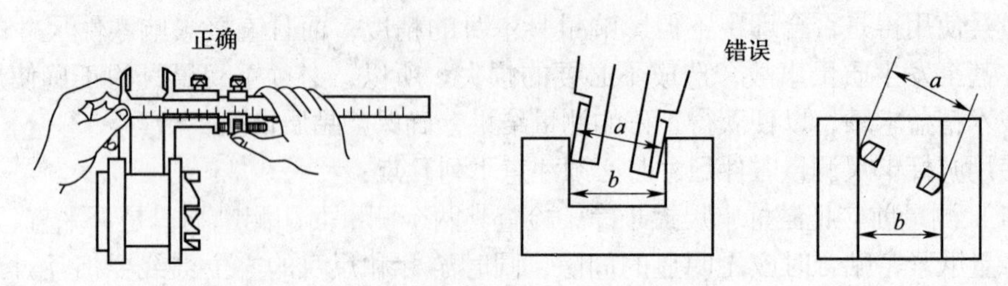

图 1—15　测量沟槽宽度时正确与错误的位置

（4）当测量零件的内尺寸时，如图 1—16 所示，要使量爪分开的距离小于所测内尺寸，进入零件内孔后，再慢慢张开并轻轻接触零件内表面，用紧固螺钉固定尺框后，轻轻取出游标卡尺来读数。取出量爪时，用力要均匀，并使游标卡尺沿着孔的中心线方向滑出，不可歪斜，以免造成量爪扭伤、变形和不必要的磨损，同时会使尺框走动，影响测量精度。

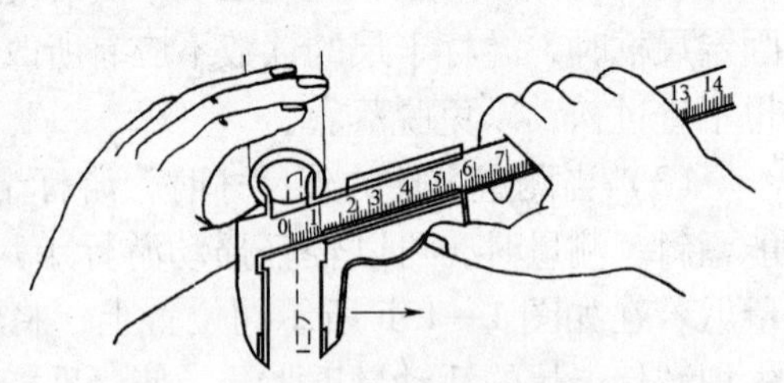

图 1—16　内孔的测量方法

游标卡尺两测量刃应在孔的直径上，不能偏歪。图 1—17 所示为带有刀口形量爪和圆柱面形量爪的游标卡尺在测量内孔时正确和错误的位置。当量爪在错误位置时，其测量结果将比实际孔径 *D* 要小。

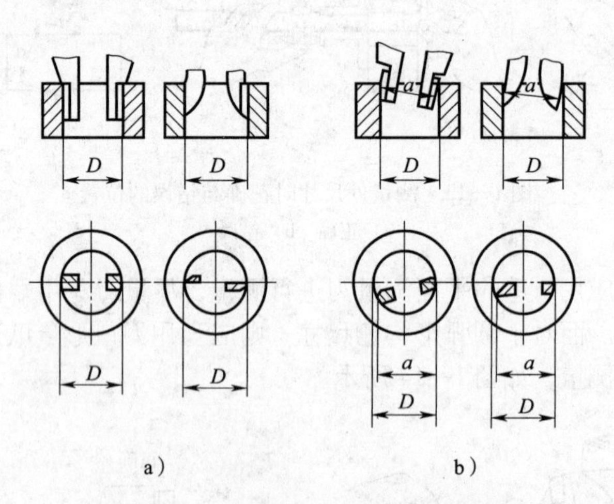

图 1—17　测量内孔时正确与错误的位置
a）正确　b）错误

（5）如用图 1—9 和图 1—10 所示的两种游标卡尺下量爪的外测量面测量内尺寸，在读取测量结果时，一定要加上量爪的厚度。即游标卡尺上的读数加上量爪的厚度才是被测零件的内尺寸，如图 1—17 所示。测量范围在 500 mm 以下的游标卡尺，量爪厚度一般为 10 mm。但当量爪磨损和修理后，量爪厚度就要小于 10 mm，读数时这个修正值也要考虑进去。

(6) 用游标卡尺测量零件时不允许过分地施加压力，所用压力应使两个量爪刚好接触零件表面。如果测量压力过大，不但会使量爪弯曲或磨损，而且量爪在压力作用下产生弹性变形，使测量得到的尺寸不准确（外尺寸小于实际尺寸，内尺寸大于实际尺寸）。

在游标卡尺上读数时，应把游标卡尺水平地拿着，朝着亮光的方向，使人的视线尽可能与游标卡尺的刻线表面垂直，以免由于视线的歪斜造成读数误差。

(7) 为了获得正确的测量结果，可以多测量几次。即在零件同一截面上的不同方向进行测量。对于较长的零件，则应当在全长的各个部位进行测量，以便获得一个比较正确的测量结果。

为了使读者便于记忆，更好地掌握游标卡尺的使用方法，把上述提到的几个主要问题整理成顺口溜，供读者参考。

量爪贴合无间隙，尺身游标两对零。
尺框活动能自如，不松不紧不摇晃。
测力松紧细调整，不当卡规用力卡。
量轴防歪斜，量孔防偏歪。
测量内尺寸，爪厚勿忘加。
面对光亮处，读数垂直看。

6. 游标卡尺应用举例

(1) 用游标卡尺测量 T 形槽的宽度

如图 1—18 所示，测量时将量爪外缘端面的小平面贴在零件凹槽的平面上，用紧固螺钉把微动装置固定，转动调节螺母，使量爪的外测量面轻轻地与 T 形槽表面接触，并放正两量爪的位置（可以轻轻地摆动一个量爪，找到槽宽的垂直位置），读出游标卡尺的读数 A。但由于它是用量爪的外测量面测量内尺寸，游标卡尺上所读出的读数 A 是量爪内测量面之间的距离，因此，必须加上两个量爪的厚度 b 才是 T 形槽的宽度。所以，T 形槽的宽度 $L = A + b$。

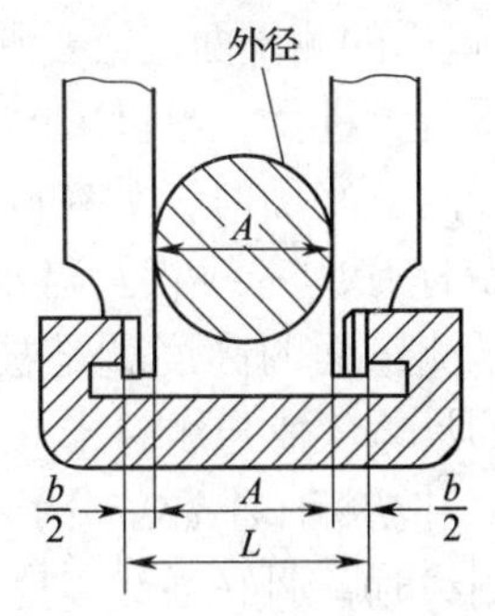

图 1—18　测量 T 形槽的宽度

(2) 用游标卡尺测量孔中心线与侧平面之间的距离

用游标卡尺测量孔中心线与侧平面之间的距离 L 时，先要用游标卡尺测量出孔的直径 D，再用刀口形量爪测量孔壁与零件侧面之间的最短距离，如图 1—19 所示。

此时，游标卡尺应垂直于侧平面，且要找到它的最小尺寸，读出游标卡尺的读数 A，则孔中心线与侧平面之间的距离为：

$$L = A + \frac{D}{2}$$

(3) 用游标卡尺测量两孔的中心距

用游标卡尺测量两孔的中心距有两种方法：一种是先用游标卡尺分别量出两孔的内径 D_1 和 D_2，再量出两孔内表面之间的最大距离 A，如图 1—20 所示，则两孔的中心距为：

$$L = A - \frac{1}{2}(D_1 + D_2)$$

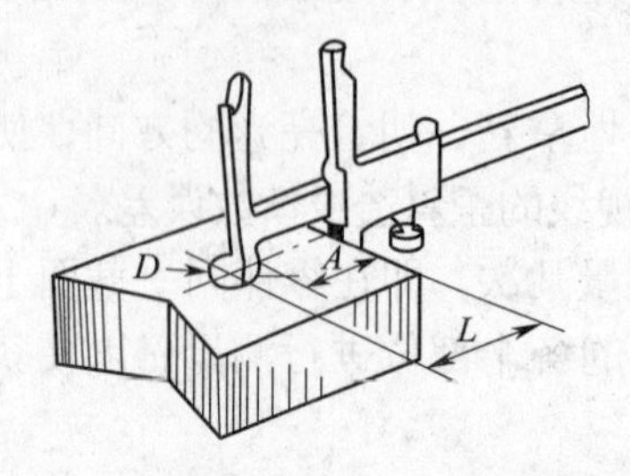

图 1—19　测量孔中心线与侧平面的距离

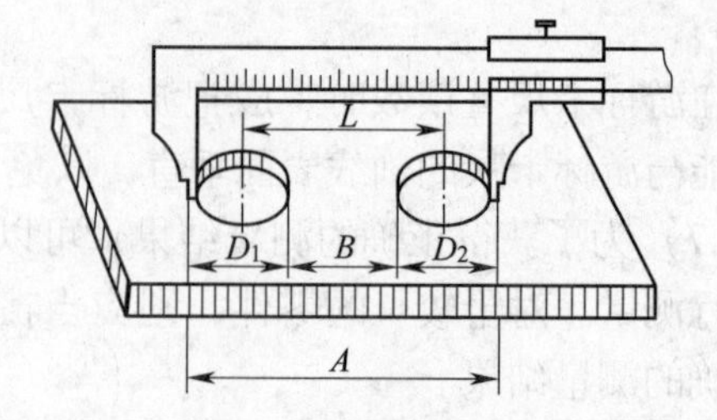

图 1—20　测量两孔的中心距

另一种测量方法也是先分别量出两孔的内径 D_1 和 D_2，然后用刀口形量爪量出两孔内表面之间的最小距离 B，则两孔的中心距为：

$$L = B + \frac{1}{2}(D_1 + D_2)$$

7. 其他游标卡尺

(1) 游标高度尺

游标高度尺如图 1—21 所示，用于测量零件的高度和精密划线。它的结构特点是用质量较大的基座 4 代替固定量爪，尺框 3 则通过横臂装有测量高度和划线用的量爪 5，量爪的测量面上镶有硬质合金，可延长量爪的使用寿命。游标高度尺的测量工作应在平台上进行。当量爪的测量面与基座的底平面位于同一平面时，如在同一平台平面上，尺身 1 与游标 6 的零线相互对准。所以在测量高度时，量爪测量面的高度就是被测量零件的高度尺寸，它的具体数值与游标卡尺一样可在尺身（整数部分）和游标（小数部分）上读出。应用游标高度尺划线时，调好划线高度，用紧固螺钉 2 把尺框锁紧后，也应在平台上先调整再进行划线。图 1—22 所示为游标高度尺的应用。

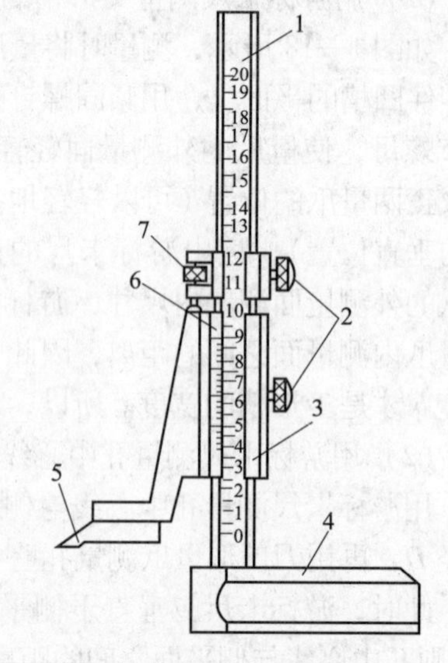

图 1—21　游标高度尺

1—尺身　2—紧固螺钉　3—尺框　4—基座　5—量爪　6—游标　7—微动装置

(2) 游标深度尺

游标深度尺如图 1—23 所示，用于测量零件的深度尺寸或台阶高低和槽的深度。它的结构特点是尺框 3 的两个量爪连在一起成为一个带游标的测量基座 1，测量基座的端面和尺身 4 的端面就是它的两个测量面。如测量内孔深度时应把测量基座的端面紧靠在被测孔的端面上，使尺身与被

测孔的中心线平行，伸入尺身，则尺身端面至测量基座端面之间的距离就是被测零件的深度尺寸。它的读数方法和游标卡尺完全一样。

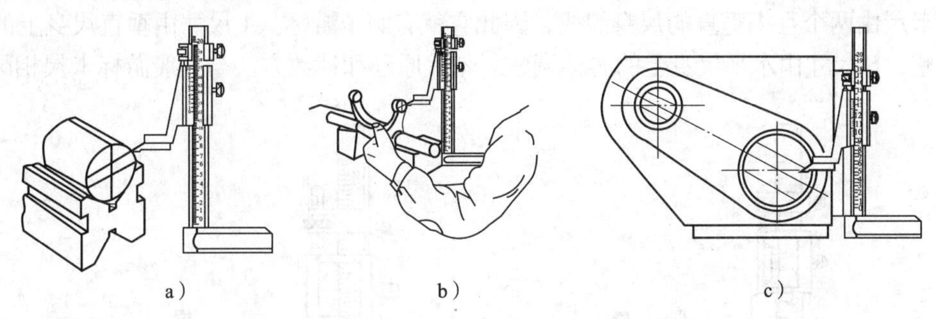

图 1—22　游标高度尺的应用

a）划偏心线　b）划拨叉轴　c）划箱体

测量时，先把测量基座轻轻压在工件的基准面上，两个端面必须接触工件的基准面，如图 1—24a 所示。测量轴类等台阶时，测量基座的端面一定要压紧在基准面上，如图 1—24b、c 所示，再移动尺身，直到尺身的端面接触到工件的测量面（台阶面）上，然后用紧固螺钉固定尺框，提起游标卡尺，读出深度尺寸。测量多台阶小直径的内孔深度时，要注意尺身的端面是否在要测量的台阶上，如图 1—24d 所示 。当基准面是曲线时，如图 1—24e 所示，测量基座的端面必须放在曲线的最高点上，测量出的深度尺寸才是工件的实际尺寸，否则会出现测量误差。

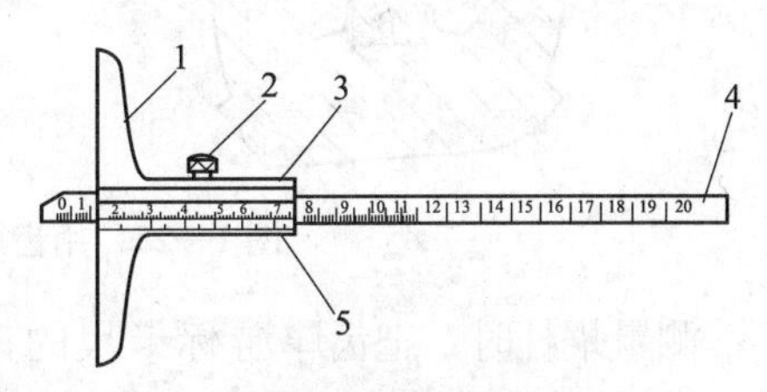

图 1—23　游标深度尺

1—测量基座　2—紧固螺钉

3—尺框　4—尺身　5—游标

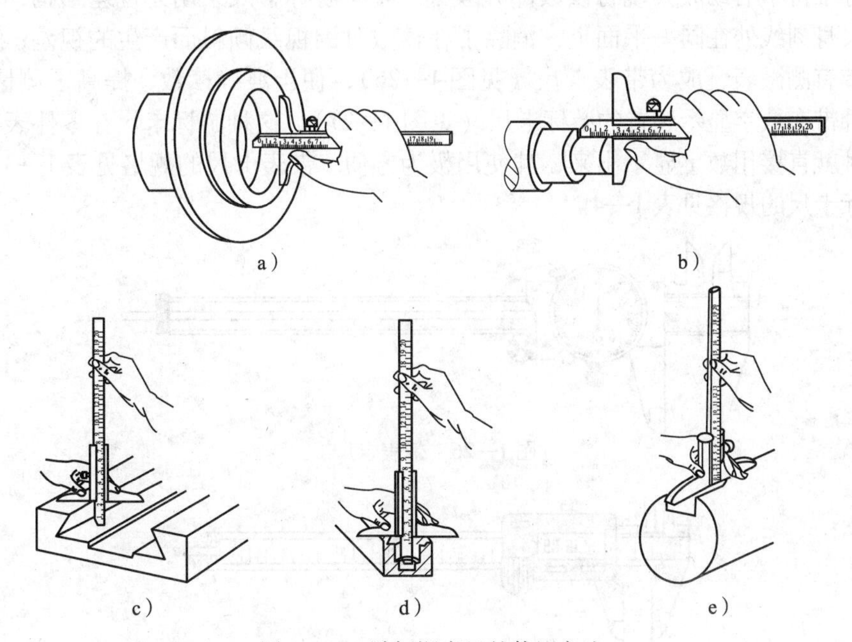

图 1—24　游标深度尺的使用方法

（3）齿厚游标卡尺

齿厚游标卡尺（见图 1—25）用来测量齿轮（或蜗杆）的弦齿厚和弦齿高。这种游标卡尺由两个互相垂直的尺身组成，因此它就有两个游标。*A* 尺寸由垂直尺身上的游标调整，*B* 尺寸由水平尺身上的游标调整。刻线原理和读数方法与一般游标卡尺相同。

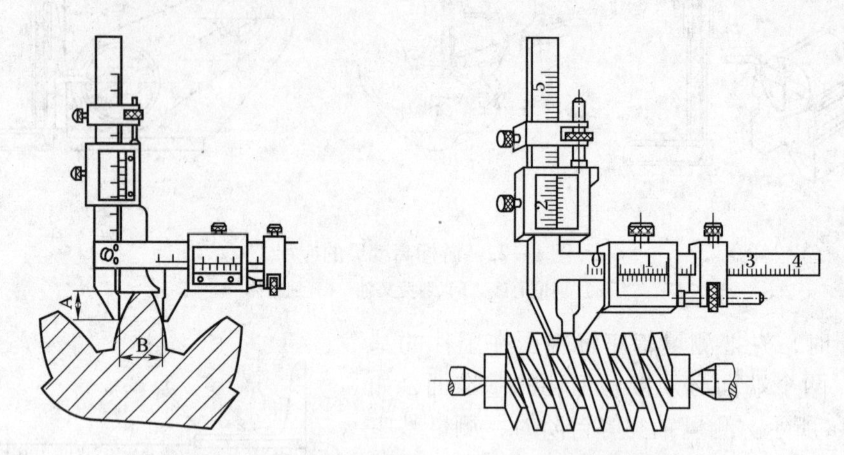

图 1—25　用齿厚游标卡尺测量齿轮与蜗杆

测量蜗杆时，把齿厚游标卡尺的读数调整到等于齿顶高（蜗杆齿顶高等于模数 m_s），法向卡入齿廓，测得的读数是蜗杆中径（d_2）的法向齿厚。但图样上一般注明的是轴向齿厚，必须进行换算。法向齿厚 S_n 的换算公式如下：

$$S_n = \frac{\pi m_s}{2}\cos\tau$$

以上所介绍的各种游标卡尺都存在一个共同的问题，就是读数不很清晰，容易读错，有时不得不借助放大镜将读数部分放大。现有游标卡尺采用无视差结构，使游标刻线与尺身刻线处在同一平面上，消除了在读数时因视线倾斜而产生的视差；有的游标卡尺装有测微表，成为带表卡尺（见图 1—26），便于准确读数，提高了测量精度；更有一种带有数字显示装置的游标卡尺（见图 1—27），这种游标卡尺在零件表面上量得尺寸时就直接用数字显示出来，其使用极为方便。带表卡尺的规格见表 1—3，数字显示游标卡尺的规格见表 1—4。

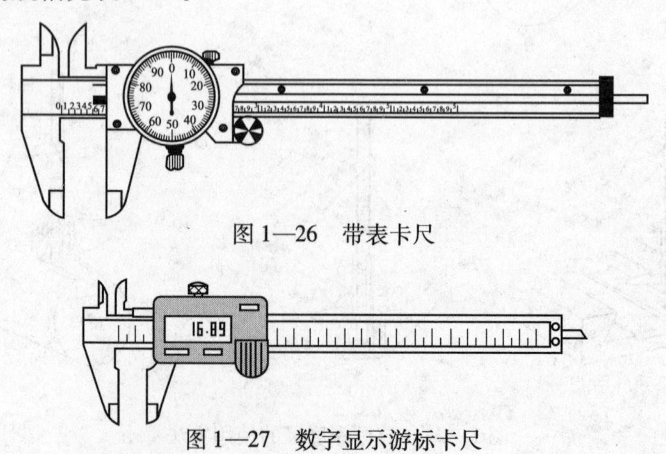

图 1—26　带表卡尺

图 1—27　数字显示游标卡尺

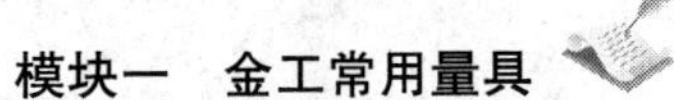

表 1—3　　　　　　　　　　　　**带表卡尺的规格**　　　　　　　　　　　　mm

测量范围	指示表分度值	指示表示值误差范围
0～150	0.01	1
0～200	0.02	1、2
0～300	0.05	5

表 1—4　　　　　　　　　　**数字显示游标卡尺的规格**

名称	数显游标卡尺	数显高度尺	数显深度尺
测量范围（mm）	0～150 0～200 0～300 0～500	0～300 0～500	0～200
分辨率（mm）	0.01		
测量精度（mm）	0.03（0～200）、0.04（＞200～300）、0.05（＞300～500）		
测量移动速度（m/s）	1.5		
使用温度（℃）	0～40		

模块二　车削加工

一、车削加工概述

车削加工是指利用车床进行加工，是机械加工的一部分。车削加工主要用车刀对旋转的工件进行切削加工，主要用于加工轴类、盘类、套类和其他具有回转表面的工件，是机械制造和修配工厂中使用最广的一类机床加工，是最基本、最常见的切削加工方法，在生产中占有十分重要的地位。

车削适于加工回转表面，大部分具有回转表面的工件都可以用车削方法加工，如内外圆柱面、内外圆锥面、端面、沟槽、螺纹和回转成形面等，所用刀具主要是车刀。

在各类金属切削机床中，车床是应用最广泛的一类，约占机床总数的50%。在车床上既可用车刀对工件进行车削加工，也可用钻头、铰刀、丝锥和滚花刀进行钻孔、铰孔、攻螺纹和滚花等操作。按工艺特点、布局形式和结构特性等的不同，车床可以分为卧式车床、落地车床、立式车床、转塔车床以及仿形车床等，其中大部分为卧式车床。

二、切削用量的概念及其选择

1. 切削用量的概念

切削速度、进给量和背吃刀量三者称为切削用量。它们是影响工件加工质量和生产效率的重要因素。合理的切削用量是指充分利用刀具切削性能和机床动力性能（功率/转矩），在保证质量的前提下获得高的生产效率和低的加工成本的切削用量。

车削时，工件加工表面最大直径处的线速度称为切削速度，以 v（m/min）表示。其计算公式为：

$$v = \pi dn/1\,000$$

式中　d——工件待加工表面的直径，mm；

　　　n——车床主轴每分钟的转速，r/min。

工件每转一周车刀所移动的距离称为进给量，以 f（mm/r）表示；车刀每次切去的金属层厚度称为背吃刀量，以 a_p（mm）表示。

2. 粗车与精车

为了保证加工质量和提高生产效率，零件加工应分阶段，中等精度的零件一般按

粗车—精车的方案进行加工。

（1）粗车

粗车的目的是尽快地从毛坯上切去大部分的加工余量，使工件接近要求的形状和尺寸。粗车以提高生产效率为主，在生产中加大背吃刀量，对提高生产效率最有利，其次是适当加大进给量，而采用中等或中等偏低的切削速度。使用高速钢车刀进行粗车的切削用量推荐如下：背吃刀量 a_p = 0.8 ~ 1.5 mm，进给量 f = 0.2 ~ 0.3 mm/r，切削速度 v 取 30 ~ 50 m/min（切削钢件）。粗车铸、锻件毛坯时，因工件表面有硬皮，为保护刀尖，应先车端面或倒角，第一次背吃刀量应大于硬皮厚度。若工件夹持的长度较短或表面凸凹不平，切削用量则不宜过大。

粗车应留有 0.5 ~ 1 mm 作为精车余量。粗车后的精度为 IT14 ~ IT11 级，表面粗糙度 Ra 值一般为 12.5 ~ 6.3 μm。

（2）精车

精车的目的是保证零件尺寸精度和表面粗糙度的要求，生产效率应在此前提下尽可能提高。一般精车的精度为 IT8 ~ IT7 级，表面粗糙度 Ra 值为 3.2 ~ 0.8 μm，所以精车是以提高工件的加工质量为主。切削用量应选用较小的背吃刀量（a_p = 0.1 ~ 0.3 mm）和较小的进给量（f = 0.05 ~ 0.2 mm/r），切削速度可取大些。

3. 切削用量的选择

在确定了刀具几何参数后，还需选定切削用量才能进行切削加工。目前许多工厂是通过切削用量手册、实践总结或工艺试验来选择切削用量。确定切削用量时应考虑加工余量、刀具耐用度、机床功率、表面粗糙度、刀具的刚度和强度等因素。

（1）粗加工切削用量的选择

对于粗加工，在保证刀具一定耐用度的前提下，尽可能提高在单位时间内的金属切除量。提高切削用量都能提高金属切除量，但是考虑到切削用量对刀具耐用度的影响程度，所以，在选择粗加工切削用量时应优先选用大的背吃刀量，其次选较大的进给量，最后根据刀具耐用度选定一个合理的切削速度。这样的选择可减少切削时间，提高生产效率。背吃刀量应根据加工余量和加工系统的刚度确定。

（2）精加工切削用量的选择

选择精加工或半精加工切削用量的原则是在保证加工质量的前提下，兼顾必要的生产效率。进给量可根据工件表面粗糙度的要求来确定，关键是保证要求的尺寸精度和表面质量，常选用较小的背吃刀量和进给量，采用较高的切削速度。

精车时切除余下的少量金属层以获得零件所要求的精度和表面粗糙度，因此，背吃刀量较小，为 0.1 ~ 0.2 mm，切削速度则可用较高或较低速，初学者可用较低速。为了提高工件表面质量，用于精车的车刀的前面、后面应采用油石加机油磨光，有时刀尖磨成一个小圆弧。为了保证工件的尺寸精度，应采用试切法车削。

三、工件的装夹

1. 用三爪自定心卡盘装夹工件

装夹工件时，由于工件的形状、大小和加工的数量不同，装夹的方法也不同，如图 2—1 所示。

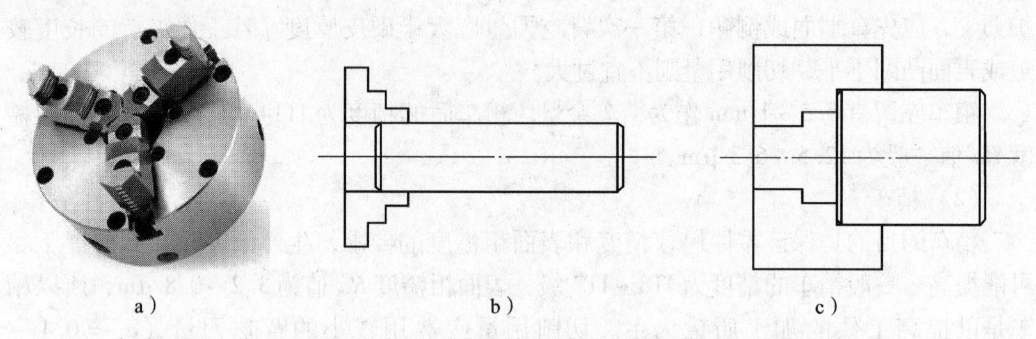

图 2—1　三爪自定心卡盘和工件的装夹

a）三爪自定心卡盘　b）正爪夹持棒料　c）反爪夹持大棒料

（1）基本的装夹要求

1）工件位置要准确，保证工件的回转轴线与车床主轴轴线重合。

2）保证工件装夹稳固，不会因切削力的作用而松动或脱落。

3）保证工件的加工质量和必要的生产效率。

（2）工件的装夹

1）首先把工件在卡爪间放正，然后轻轻夹紧。

2）开动机床，使主轴低速旋转，检查工件有无偏摆，若有偏摆应停车用锤子轻敲校正，然后紧固工件。注意：必须及时取下扳手，以免开车时飞出，击伤人或机床。

3）移动车刀至车削行程的左端，用手旋转卡盘，检查刀架等是否与卡盘或工件碰撞。

对于一般较短的回转体类工件，较适合用三爪自定心卡盘装夹，但对于较长的回转体类工件，用此方法则刚度较低。所以，对一般较长的工件，尤其是较重要的工件，不能直接用三爪自定心卡盘装夹，而要用一端夹住，另一端用后顶尖顶住的装夹方法，如图 2—2 所示。这种装夹方法能承受较大的轴向切削力，且刚度大大提高，同时可提高切削用量。

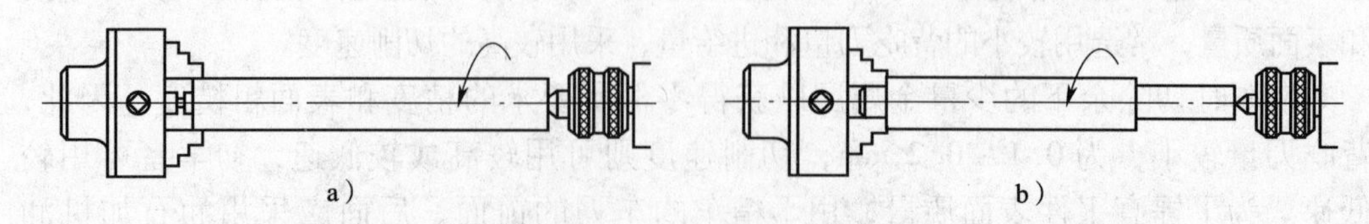

图 2—2　一夹一顶装夹工件

a）用限位支撑防止工件轴向窜动　b）用工件上的台阶防止工件轴向窜动

2. 用心轴装夹工件

当工件内、外圆表面间有较高的位置精度要求，且不能将内、外圆表面在同一次装夹中加工时，常采用先精加工内圆表面，再以其为定位基准面，用心轴装夹后精加工外圆的工艺方法，如图 2—3 所示。

3. 用两顶尖装夹工件

对于同轴度要求比较高而且需要掉头加工的轴类工件，常用两顶尖装夹，如图 2—4 所示，其前顶尖为普通顶尖，装在主轴孔内，并随主轴一起转动；后顶尖为活顶尖，装在尾座套筒内。工件利用中心孔被顶在前、后顶尖之间，并通过拨盘和鸡心夹头随主轴一起转动。

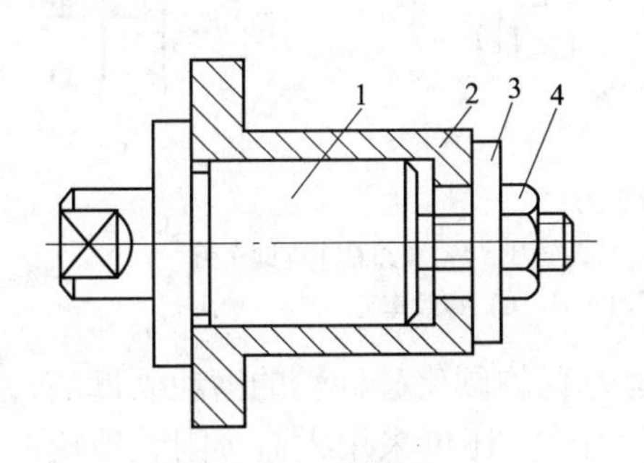

图 2—3　用心轴装夹
1—心轴　2—工件
3—开口垫圈　4—螺母

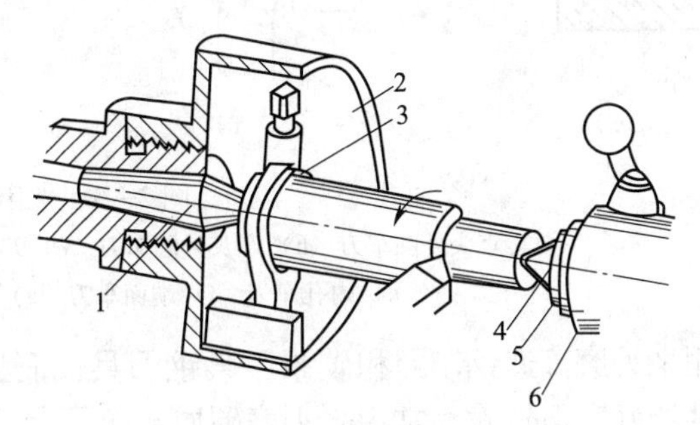

图 2—4　用两顶尖装夹工件
1—前顶尖　2—拨盘　3—鸡心夹头
4—后顶尖　5—尾座套筒　6—尾座

四、车刀

1. 车刀的结构

车刀由刀头和刀柄两部分组成，刀头是车刀的切削部分，刀柄是车刀的夹持部分。在车削加工中，为了加工各种不同的表面，或加工不同的工件，需要采用不同加工用途的车刀，常用外圆车刀、内孔车刀、端面车刀、切断刀和螺纹车刀等，如图 2—5 所示。

2. 车刀的刃磨

车刀的刃磨一般有机械刃磨和手工刃磨两种。进行车刀刃磨时，必须备有磨刀砂轮。

(1) 砂轮的选择

常用的砂轮有两种，一种是氧化铝砂轮，另一种是碳化硅砂轮。刃磨时必须根据刀具材料来选用砂轮。氧化铝砂轮多呈白色，其磨粒韧性好，较锋利，但硬度稍低，

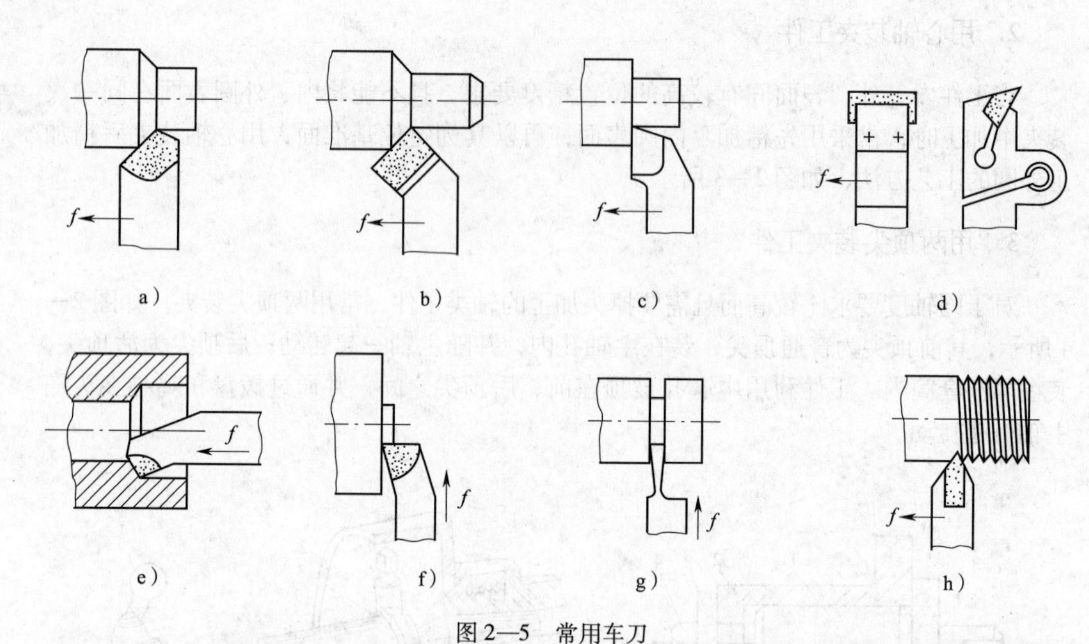

图 2—5 常用车刀

a）直头外圆车刀 b）弯头外圆车刀 c）90°外圆车刀 d）宽刃精车外圆车刀 e）内孔车刀 f）端面车刀 g）切断刀 h）螺纹车刀

常用来刃磨高速钢车刀和碳素工具钢刀具；而呈绿色的碳化硅砂轮的磨粒硬度高，切削性能好，但较脆，常用来刃磨硬质合金刀具。另外，还可采用人造金刚石砂轮刃磨刀具，这种砂轮既可刃磨硬质合金刀具，也可磨削玻璃、陶瓷等高硬度材料。

砂轮的粗细以粒度表示，一般分为 36# 、60#、80#和 120# 等级别，粒度越大则表示组成砂轮的磨料越细；反之则越粗。一般粗磨时选用粒度小、颗粒粗的平形砂轮，精磨时选用粒度大、颗粒细的杯形砂轮。

（2）手工刃磨的方法和步骤

1）粗磨主后面。同时磨出主偏角及主后角，如图 2—6a 所示。

2）粗磨副后面。同时磨出副偏角及副后角，如图 2—6b 所示。

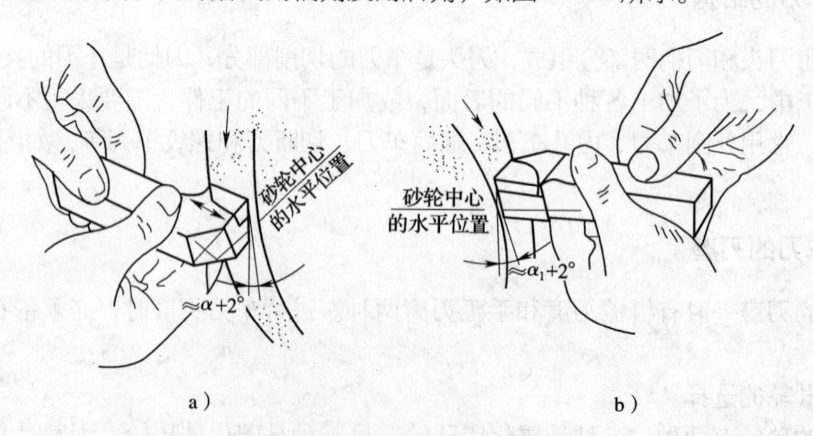

图 2—6 粗磨主后面和副后面

a）粗磨主后面 b）粗磨副后面

3）磨前面。磨出前角，如图 2—7 所示。

4）磨断屑槽。其目的是使断屑容易。断屑槽常见的形式有圆弧型和直线型两种，如图 2—8 所示。刃磨圆弧型断屑槽时，必须先把砂轮的外圆与平面的相交处修整成相应的圆弧。刃磨直线型断屑槽时，其砂轮的外圆与平面的相交处必须修整得比较尖锐。刃磨时，刀尖可向上或向下磨削。

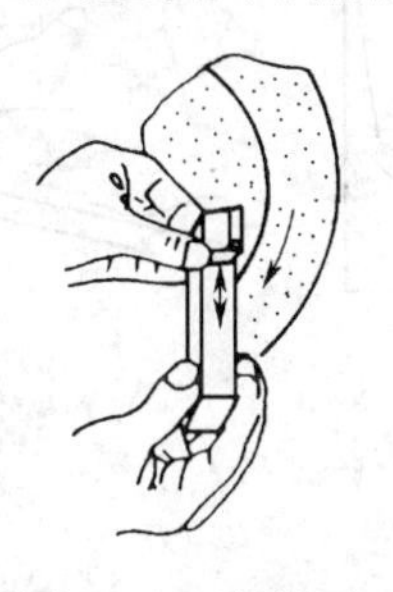

图 2—7　磨前面

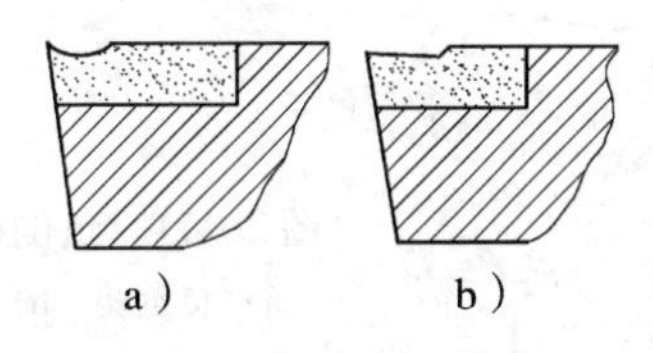

图 2—8　断屑槽的形式

a）圆弧型　b）直线型

磨削断屑槽时，注意刃磨时的起点位置应与刀尖、主切削刃离开一小段距离，以防止将刀尖和主切削刃磨坏，磨削时用力不能过大，应将车刀沿刀柄方向上下缓慢移动。刃磨断屑槽的方法如图 2—9 所示。

5）精磨主后面和副后面。刃磨方法如图 2—10 所示，刃磨时，将车刀底平面靠在调整好角度的台板上，切削刃轻轻靠在砂轮的端面上并沿砂轮端面缓慢地左右移动，使砂轮磨损均匀，保证车刀刃口平直。

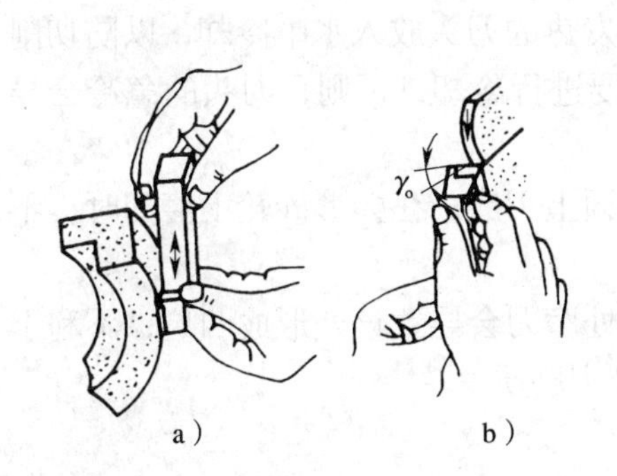

图 2—9　刃磨断屑槽的方法

a）向下磨　b）向上磨

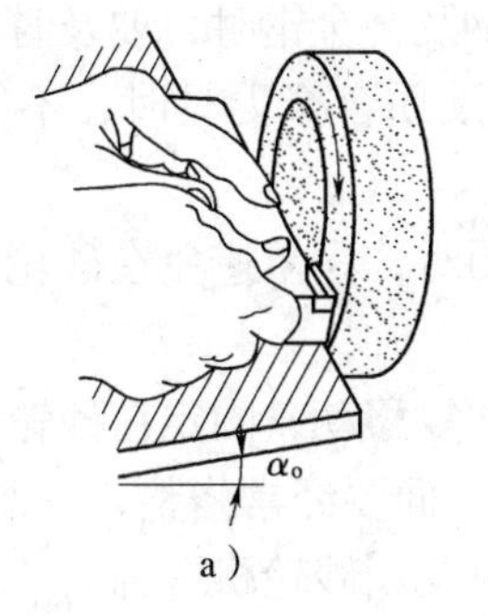
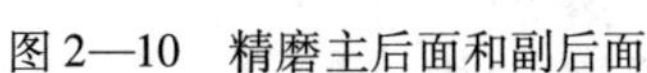

图 2—10　精磨主后面和副后面

6）磨负倒棱。刃磨方法如图 2—11 所示，刃磨时，用力要轻微，车刀要沿主切削刃的后端向刀尖方向摆动。磨削方法有直磨法和横磨法，多用直磨法。负倒棱的宽度一般为进给量的 0.5 ~ 0.8 倍，负倒棱倾斜角为 −5° ~ −10°。

7）磨过渡刃。过渡刃有直线形和圆弧形两种，刃磨方法与精磨后面时基本相同。对于车削较硬材料的车刀，也可以在过渡刃上磨出负倒棱；对于大进给量车削的车刀，可以用同样的方法在副切削刃上磨出修光刃。采用的砂轮与精磨后面时所用的砂轮相同。

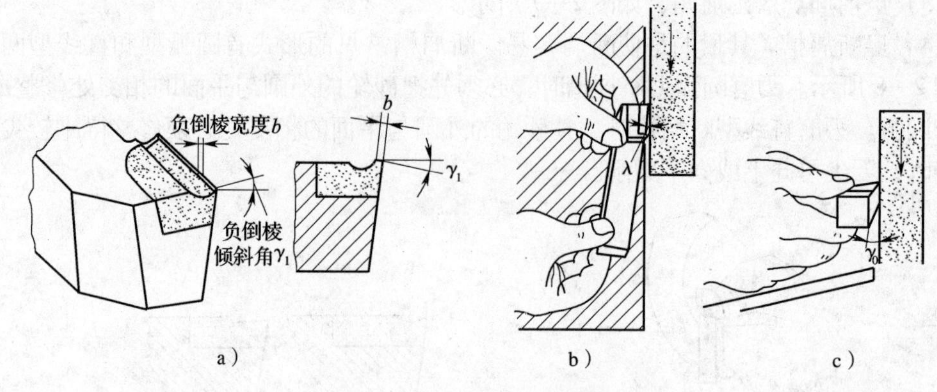

图 2—11　负倒棱及磨负倒棱的方法

a）负倒棱　b）直磨法　c）横磨法

8）研磨。为了保证工件表面加工质量，对精加工使用的车刀常进行研磨。研磨时，用油石加一些机油，然后在切削刃附近的前面和后面以及刀尖处贴平进行研磨，直到车刀表面光洁，看不出磨削痕迹为止。这样既可使切削刃锋利，又能延长车刀的使用寿命。如图 2—12 所示。

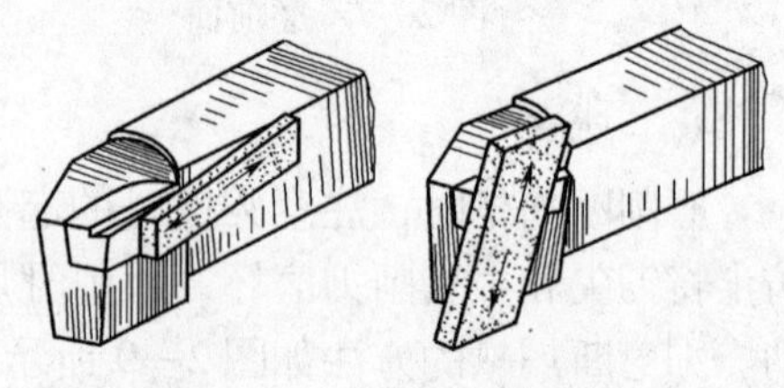

图 2—12　用油石研磨车刀

（3）车刀刃磨的注意事项

1）刃磨时，握刀姿势要正确，双手拿稳车刀，使刀柄靠于支架，并让被磨表面轻贴砂轮。用力要均匀，不能抖动。

2）磨碳素钢、高速钢及合金钢时，要及时将发热的刀头放入水中冷却，以防切削刃退火，失去其硬度；磨硬质合金刀具时，不需要进行冷却，否则，刀头的急冷会导致刀片碎裂。

3）在盘形砂轮上磨刀时，尽量避免在砂轮端面上刃磨；在杯形砂轮上磨刀时，不准使用砂轮的内圈。

4）刃磨时，刀具应往复移动，固定在砂轮某处磨刀会导致该处形成凹坑，不利于以后的刃磨。同时，砂轮表面要经常修整，以保证刃磨质量。

5）刃磨结束后，随手关闭砂轮机电源。

3. 车刀的安装

（1）车刀不能伸出刀架太长，应尽可能伸出得短些。因为车刀伸出过长，刀柄刚度相对减弱，切削时在切削力的作用下，容易产生振动，使车出的工件表面不光洁。一般车刀伸出的长度不超过刀柄厚度的 2 倍。

（2）车刀刀尖的高低应对准工件的中心。车刀安装得过高或过低都会引起车刀角度的变化而影响切削。根据经验，粗车外圆时，可将车刀装得比工件中心稍高一些；精车外圆时，可将车刀装得比工件中心稍低一些，这要根据工件直径的大小来决定，无论装高或装低，一般不能超过工件直径的 1%。

（3）车刀刀柄轴线应跟工件表面垂直。

五、车削基本操作

1. 车端面

对工件的端面进行车削的方法叫车端面，如图 2—13 所示。

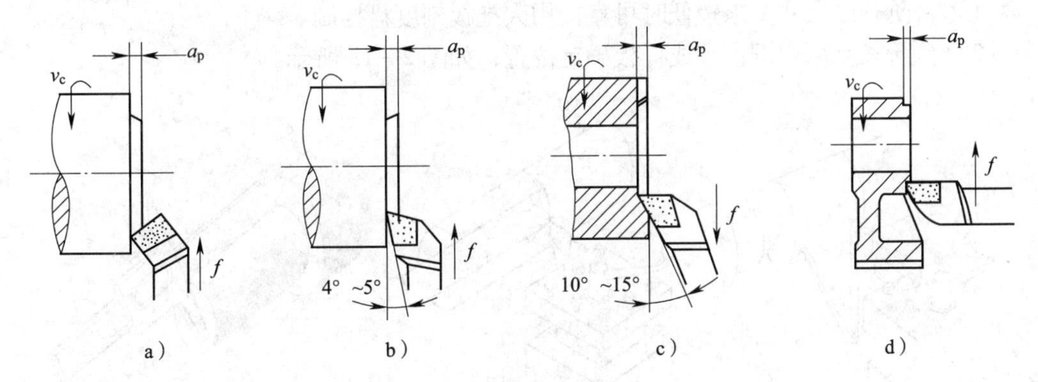

图 2—13　车端面

a）弯头车刀车端面　b）右偏刀车端面（由外向中心）
c）右偏刀车端面（由中心向外）　d）左偏刀车端面

（1）用弯头车刀由外向中心车端面，主切削刃切削，凸台逐渐车掉，切削条件较好，加工质量较高。

（2）用右偏刀由外向中心车端面，车到中心时，凸台突然车掉，因此刀头易损坏；切深大时，易扎刀。

（3）用右偏刀由中心向外车端面，切削条件较好。

（4）用左偏刀由外向中心车端面，主切削刃切削。

2. 车外圆和台阶

车削加工外圆柱面称为车外圆。在工件上车削出不同直径圆柱面的过程称为车台阶。通常把两个相邻的圆柱面的直径差小于 5 mm 的称为低台阶，大于 5 mm 的称为高台阶。车台阶实际上是车外圆和端面的组合加工，车削时需要兼顾二者的尺寸精度。

（1）车外圆车刀，如图 2—14 所示。

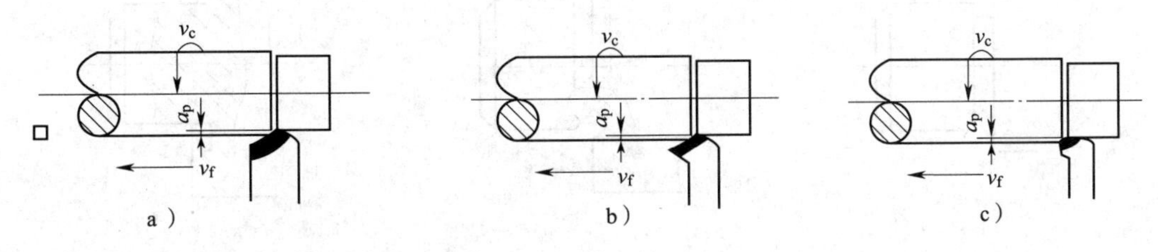

图 2—14　车削加工外圆

a）普通外圆车刀　b）45°弯头车刀　c）90°偏刀

1）普通外圆车刀，用于粗车外圆和无台阶的外圆。

2）45°弯头车刀，不仅可以用于车外圆，而且可以用于车端面和倒角。

3）90°偏刀，用于车有台阶的外圆和细长轴。

车高度在 5 mm 以下的台阶时，可用主偏角为 90°的偏刀在车外圆时同时车出；车高度在 5 mm 以上的台阶时，应分层进行切削。

（2）台阶长度尺寸的控制方法

1）台阶长度尺寸要求较低时可直接用大拖板刻度盘控制。

2）台阶长度可用钢直尺或样板确定位置，如图 2—15 所示。

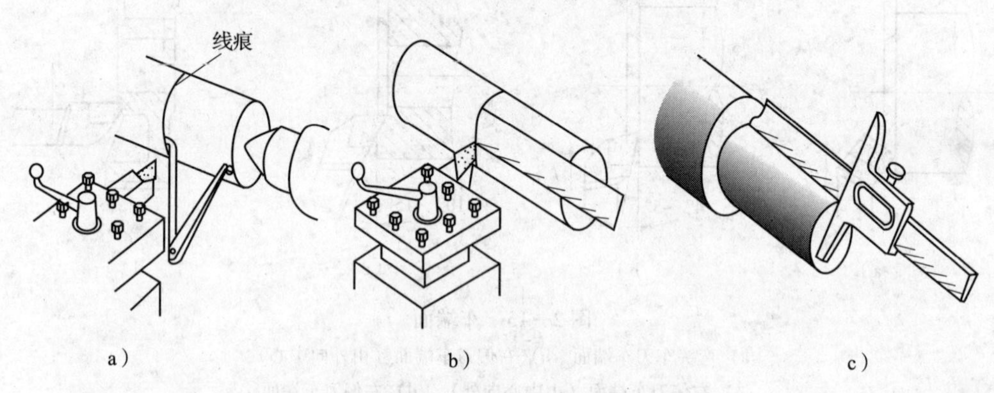

图 2—15　台阶长度尺寸的控制方法

a）样本定位　b）钢尺测量　c）深度测量

车削时先用刀尖车出比台阶长度略短的刻痕作为加工界限，台阶的准确长度可用游标卡尺或游标深度尺测量。

3. 车槽、切断

（1）车槽

车槽，即用车削方法加工工件的槽。工件外圆和平面上的沟槽称为外沟槽。工件内孔中的沟槽称为内沟槽。

常见的外沟槽：外圆沟槽、45°外斜沟槽和平面沟槽，如图 2—16 所示。

沟槽的形状：矩形、圆弧形和梯形。

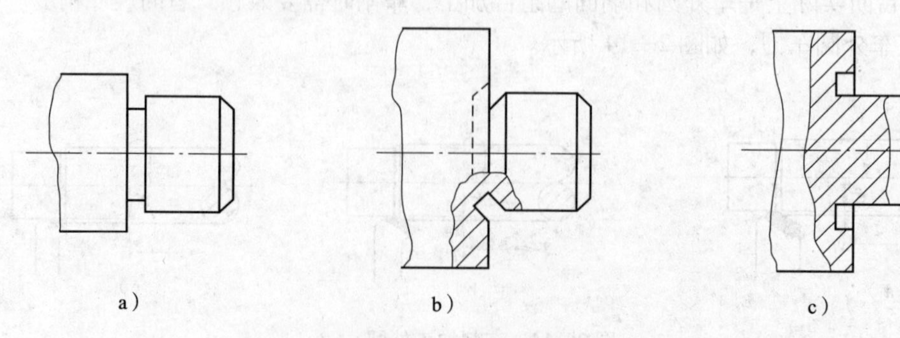

图 2—16　常见的沟槽

a）外圆沟槽　b）45°外斜沟槽　c）平面沟槽

1）常用车槽刀。常选用高速钢车槽刀车槽，车槽刀的几何形状和角度如图 2—17 所示。

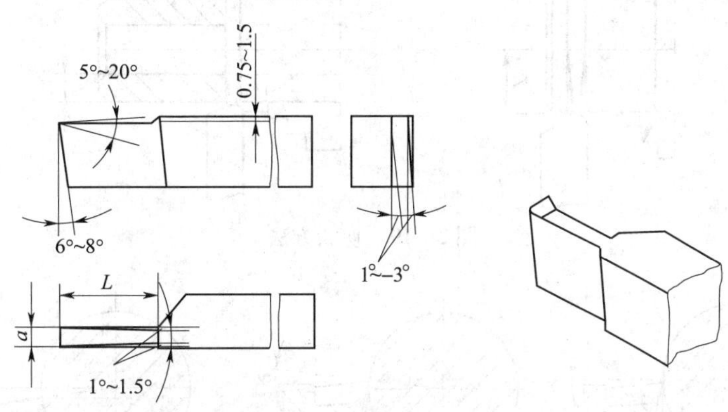

图 2—17　高速钢车槽刀

2）车槽的方法。车削精度不高和宽度较窄的矩形沟槽，可以用刀宽等于槽宽的车槽刀，采用直进法一次车出。精度要求较高的，一般分两次车成。车削较宽的沟槽，可用多次直进法切削（见图 2—18），并在槽的两侧留一定的精车余量，然后根据槽深、槽宽精车至尺寸。车削较小的圆弧形槽，一般用成形车刀车削；较大的圆弧形槽，可用双手联动车削，用样板检查修整。车削较小的梯形槽，一般用成形车刀完成；较大的梯形槽，通常先车直槽，然后用梯形刀直进法或左右切削法完成。

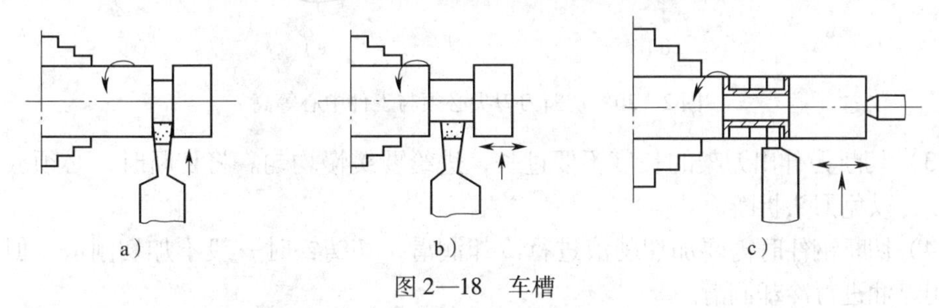

图 2—18　车槽

a）直进法车矩形沟槽　b）矩形沟槽的精车　c）宽度大的矩形沟槽的车削

（2）切断

切断刀刀头的长度应稍大于实心工件的半径或空心工件、管料的壁厚（$L > h$）。切断刀刀头宽度应适当，宽度太窄则刀头强度低，容易折断；宽度太宽则容易引起振动和增大材料消耗。切断实心工件时，切断刀的主切削刃必须严格对准工件的回转中心，主切削刃中心线与工件轴线垂直。切断空心工件、管料时，切断刀主切削刃应稍低于工件的回转中心。

切断时应注意事项：

1）切断一般在卡盘上进行，工件的切断处应距卡盘近些，避免在顶尖安装的工件上切断。

2）切断刀刀尖必须与工件中心等高（见图 2—20a、b、c），否则切断处将剩有凸台，且刀头也容易损坏。切断刀安装过高，如图 2—20d 所示，刀具后面顶住工件，刀头易被压断；切断刀安装过低，如图 2—20e 所示，不易切断。

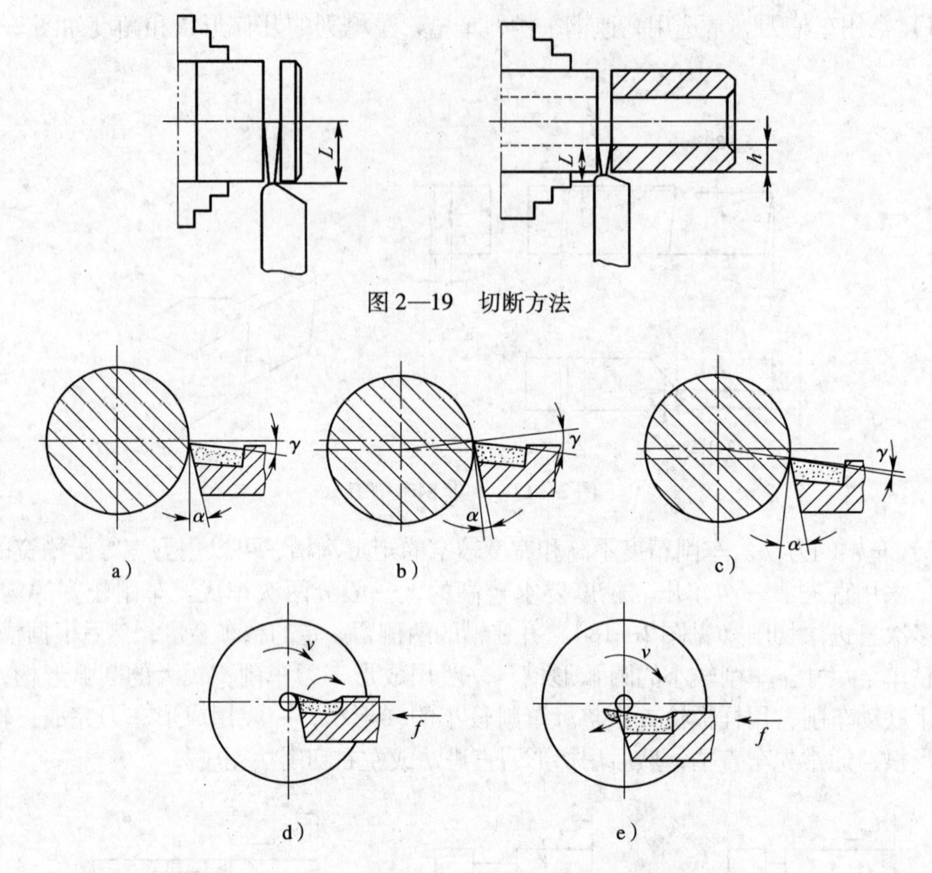

图 2—19 切断方法

图 2—20 切断刀刀尖必须与工件中心等高

（3）切断刀伸出刀架的长度不要过长，进给要缓慢均匀。将切断时，必须放慢进给速度，以免刀头折断。

（4）切断钢件时需要加切削液进行冷却润滑，切铸铁时一般不加切削液，但必要时可用煤油进行冷却润滑。

（5）两顶尖工件切断时，不能直接切到中心，以防车刀折断，工件飞出。

4. 车圆锥面

将工件车削成圆锥表面的方法称为车圆锥面。常用的方法有四种：宽刀法、转动小刀架法、尾座偏移法和靠模法。

（1）宽刀法

车削较短的圆锥时，可以用宽刃刀直接车出，如图 2—21 所示。其工作原理实质上属于成型法，所以要求切削刃必须平直，切削刃与主轴轴线的夹角应等于工件圆锥半角 $\alpha/2$。同时要求车床有较好的刚度，否则易引起振动。当工件的圆锥斜面长度大于切削刃长度时，可以用多次接刀方法加工，但接刀处必须平整。

（2）转动小刀架法

当加工锥面不长的工件时，可用转动小刀架法车削。车削时，将小滑板下面的转盘上螺母松开，把转盘转至所需要的圆锥半角 $\alpha/2$ 的刻线上，与基准零线对齐，然后

固定转盘上的螺母，如果锥角不是整数，可在附近估计一个值，试车后逐步找正，如图 2—22 所示。

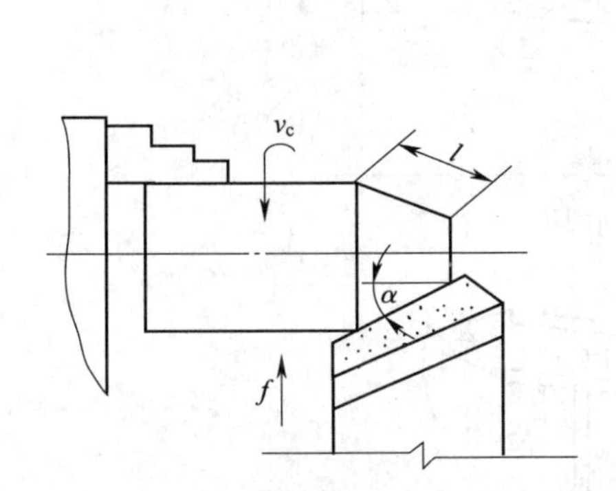

图 2—21　用宽刃刀车削圆锥

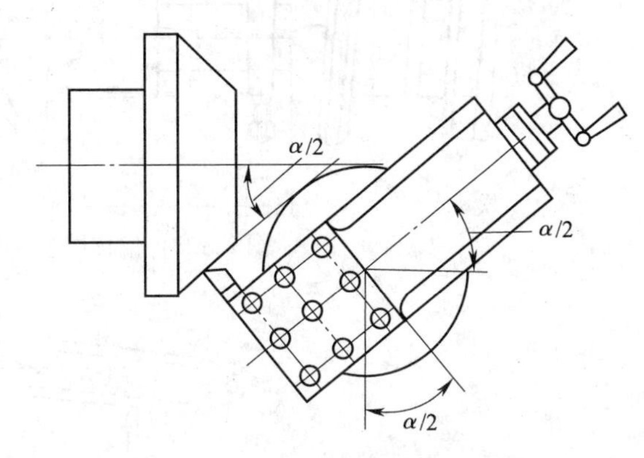

图 2—22　转动小刀架法

转动小刀架法的特点：

1）能车削圆锥角 α 较大的圆锥面。

2）能车削整圆锥面，也可车削内圆锥面，应用范围广，操作简单。

3）偏转角度调整好后加工的一批工件圆锥角的一致性好。

4）同一工件上车削不同锥角的圆锥面时，调整角度方便。

5）受上滑板最大移动距离的限制，只能加工素线长度不太长的圆锥面。

6）只能手动进给，劳动强度大，工件加工表面粗糙度值较大且不易控制，只适用于单件、小批量生产。

（3）尾座偏移法

当车削锥度小，锥形部分较长的圆锥面时，可以用偏移尾座的方法，此方法可以自动走刀，缺点是不能车削整圆锥和内锥体，以及锥度较大的工件。将尾座上滑板横向偏移一个距离 S，使偏位后两顶尖连线与原来两顶尖中心线相交一个 $\alpha/2$ 角度，尾座的偏向取决于工件大小头在两顶尖间的加工位置。尾座的偏移量与工件的总长有关，如图 2—23 所示，尾座偏移量可用下列公式：

$$S = L_0 \tan\alpha/2 = \frac{D - d}{2L}L_0 \text{ 或 } S = \frac{CL_0}{2}$$

式中　S——尾座偏移量；

L_0——工件全长；

α——圆锥角；

D——最大圆锥直径；

d——最小圆锥直径；

L——圆锥长度；

C——圆锥锥度。

（4）靠模法

如图 2—24 所示，靠模板装置是车床加工圆锥面的附件。对于较长的外圆锥和圆锥孔，当其精度要求较高而批量又较大时常采用这种方法。

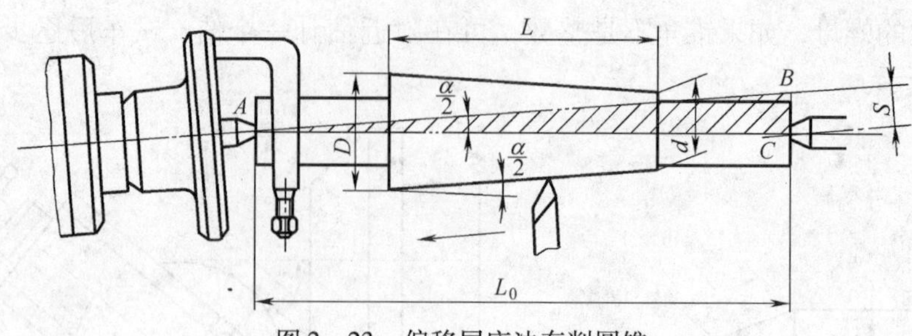

图 2—23　偏移尾座法车削圆锥

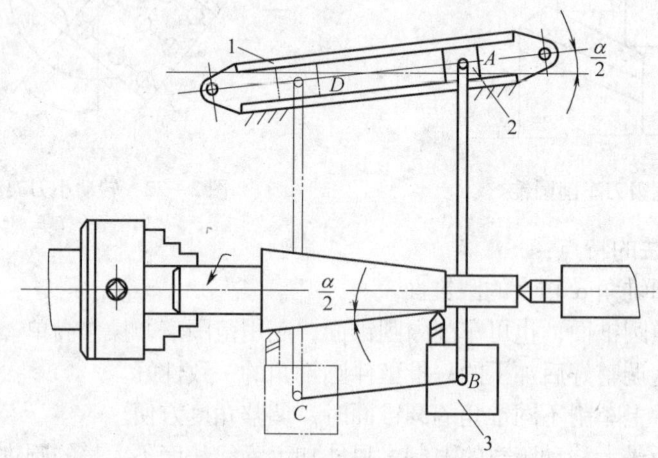

图 2—24　用靠模板车削圆锥面

1—靠模板　2—滑块　3—刀架

5. 孔加工

用车削方法扩大工件的孔或加工空心工件的内表面，一般加工精度可达 IT8 ~ IT7，表面粗糙度 Ra 值 3. 2 ~ 1. 6 μm。

（1）车孔刀的选择，见表 2—1。

表 2—1　　　　车孔刀的选择

项目	车通孔	车盲孔
图示		
主偏角	小于 90°，一般 κ_r = 60° ~ 70°	大于 90°，一般 κ_r = 92° ~ 95°
其他条件	副偏角 κ'_r = 15° ~ 30°	盲孔车刀刀尖到刀柄外侧的距离 a 应小于孔的半径 R

（2）车孔方法

车孔方法基本上与车外圆方法相同，只是进刀与退刀的方向相反。车孔时的背吃刀量应比车外圆时小一些，特别是车小（直径）孔或深孔时，其背吃刀量应更小一些。

车阶台孔或盲孔时，控制阶台深和孔深的方法有：

1）通过溜板箱刻度盘控制。

2）在刀柄上做标记。

3）应用挡铁控制等。

（3）孔加工注意事项

普通车床车内孔时，内孔车刀的刀柄刚度和排屑是必须重视的两个方面，车床为此可采取以下措施：

1）尽量增加刀柄的截面积，内孔车刀的刀尖应位于刀柄的中心线上，这样在不碰到孔壁的前提下，可使刀柄的截面积达到最大限度。

2）尽可能缩短刀柄的伸出长度，为了增加刀柄刚度，刀柄伸出长度只要略大于孔深即可，并且要求刀柄的伸长量能根据孔深加以调节。

3）控制切屑流出方向，根据孔的加工情况，刃磨合理的刃倾角和断屑槽或卷屑槽，精车通孔时，可以采用正值刃倾角的内孔车刀，加工盲孔时，采用负的刃倾角，使切屑从孔口排出。

6. 车螺纹

（1）车螺纹前对工件的要求

1）螺纹大径：理论上大径等于公称直径，但根据与螺母的配合它存在有下偏差（-），上偏差为0；因此在加工中，按照螺纹三级精度要求，螺纹外径比公称直径小$0.1P$。

$$\text{螺纹外径 } D = \text{公称直径} - 0.1P$$

2）退刀槽：车螺纹前在螺纹的终端应有退刀槽，以便车刀及时退出。

3）倒角：车螺纹前在螺纹的起始部位和终端应有倒角，且倒角的小端直径<螺纹底径。

4）牙深高度（背吃刀量）：$h_1 = 0.6P$。

（2）车螺纹的步骤与方法（低速车削三角形螺纹 $v < 5$ m/min，如图2—25所示）

1）调整车床：先转动手柄接通丝杠，根据工件的螺距或导程调整进给箱外手柄所示位置。

2）开车、对刀记下刻度盘读数，向右退出车刀。

3）合上开合螺母，在工件表面上车出一条螺旋线，横向退出车刀，并开反车把车刀退到右端，停车检查螺距是否正确。

4）开始切削，利用刻度盘调整切深（逐渐减小切深）。注意操作中，车削将终了时应做好退刀、停车准备，先快速退出车刀，然后开反车退回刀架。背吃刀量控制，粗车时 $t = 0.15 \sim 0.3$ mm，精车时 $t < 0.05$ mm。

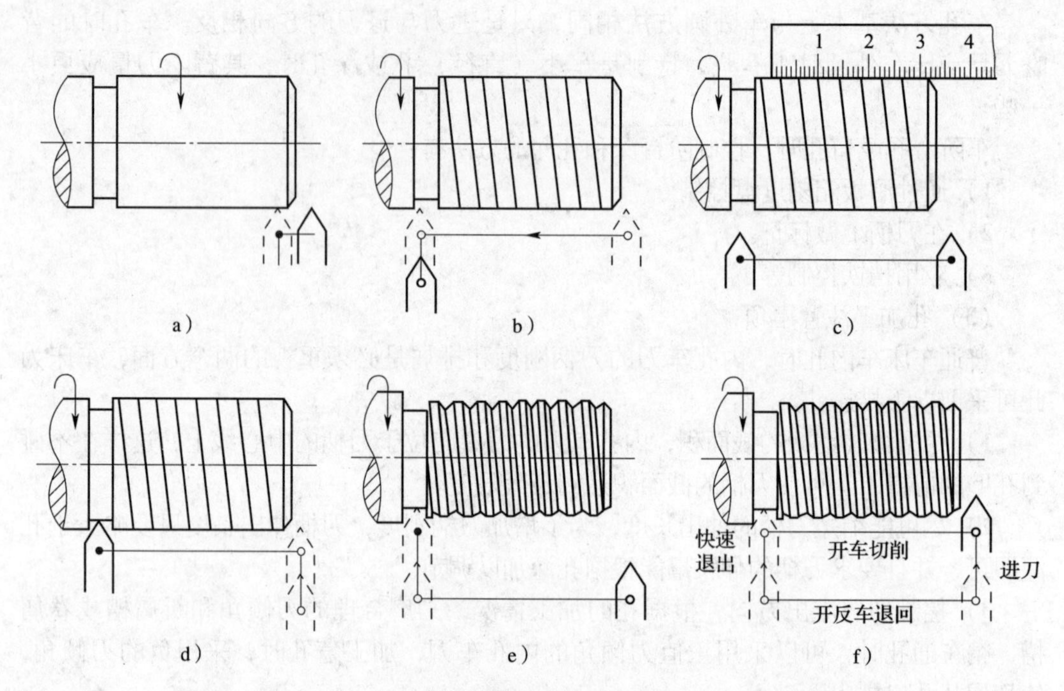

图 2—25　螺纹切削方法与步骤

a）开车，使车刀与工件轻微接触，记下刻度盘读数，向右退出车刀　b）合上开合螺母，在工件表面上车出一条螺旋线，横向退出车刀，停车　c）开反车，使车刀退到工件右端，停车，用钢尺检查螺距是否正确　d）利用刻度盘调整切深，开车切削　e）车刀快到行程终点时，应做好退刀停车准备，一到终点，先快速退车刀，然后停车，开反车退回刀架　f）再次横向进切深，继续切削，其切削过程的路线如图所示

六、车工综合训练

坯料：长度为 200 mm，直径为 ϕ35 mm 的圆钢。倒角 *C*1。

车削步骤：

（1）选用合适的机床，用卡盘按图示尺寸要求夹紧工件，并划出加工线。

（2）选用合适的切削刀具：切外圆和右端面用弯头刀；切台阶面用直头刀；车槽用 2 mm 宽的车槽刀；倒角用弯头刀。将四把刀固定在刀架上。注意刀尖与中心线等高。

（3）用弯头刀车右端面和外圆，用试车法，选择好进给量，粗轴外径为 32. 4 mm，总长度为 155 mm。精车外面至 32 mm。

（4）换用车槽刀，在指定位置车出两道宽 2 mm 的槽。

（5）换用直头刀切台阶面，两台阶面的外径分别为 28 mm 和 25 mm，长度分别为 48 mm 和 38 mm。

（6）换用弯头刀对两个台阶进行倒角 *C*1。

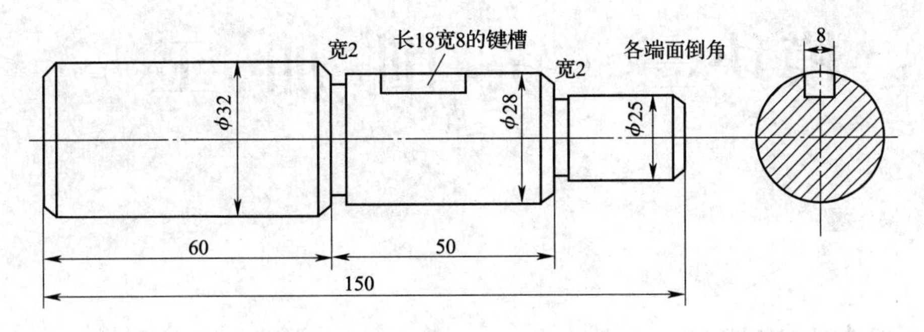

图 2—26　轴承座的零件图

（7）换一端，用车槽刀切断，使总长度为 150 mm。
（8）用弯头刀倒角 *C*1；检验。
（9）在铣床上选用铣键槽刀铣出长 18 mm 宽 8 mm 的键。
（10）检验。

模块三　铣削加工

一、铣削加工概述

在铣床上用旋转的铣刀切削各种表面或沟槽的方法称为铣削加工，也是机械加工中的主要加工方法之一。铣削加工中，由于铣刀是多齿刀具，旋转的刀齿间歇地进行切削，切削刃的散热条件好，可以选择较高的切削速度，又由于经常是多个刀齿同时参加切削，因而生产效率高。

铣削加工的特点、加工范围如图 3—1 所示。

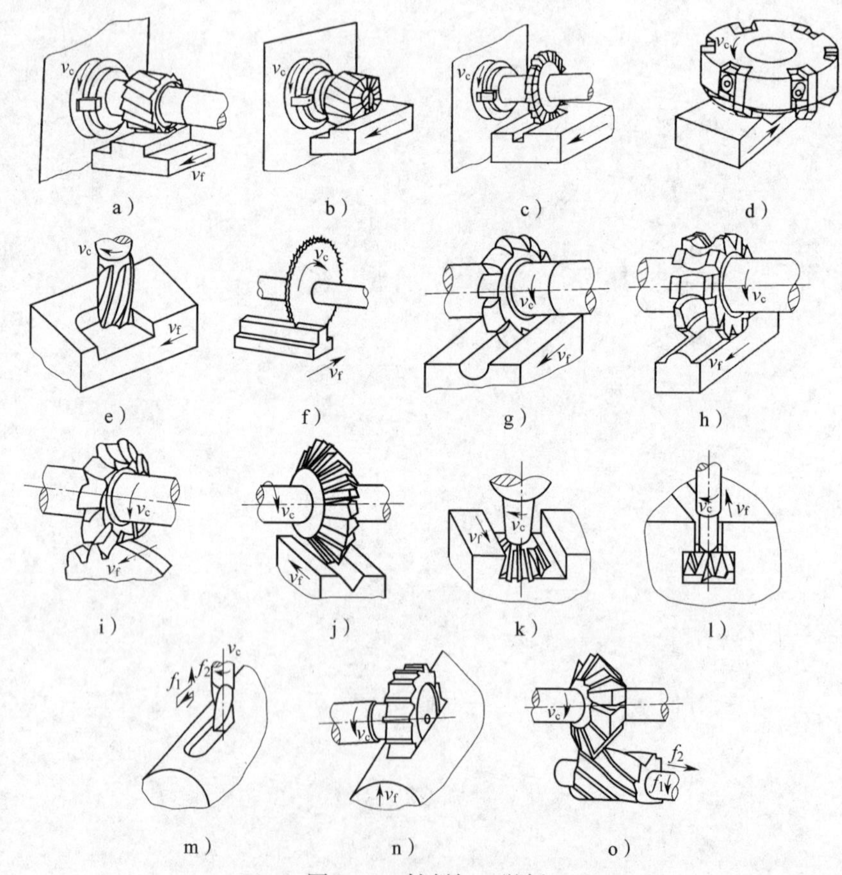

图 3—1　铣削加工举例

a）圆柱铣刀铣平面　b）端铣刀铣台阶面　c）三面刃铣刀铣直角槽　d）端铣刀铣平面
e）立铣刀铣凹槽　f）锯片铣刀切断　g）凸半圆铣刀铣凹圆弧面　h）凹半圆铣刀铣凸圆弧面
i）齿轮铣刀铣齿轮　j）角度铣刀铣 V 形槽　k）燕尾槽铣刀铣燕尾槽　l）T 形槽铣刀铣 T 形槽
m）键槽铣刀铣键槽　n）半圆键槽铣刀铣半圆键槽　o）角度铣刀铣螺旋槽

二、铣刀的分类及其安装

铣刀是一种多刀齿具，切削时每齿周期性切入和切出工件，对散热有利，铣削效率较高。铣刀的种类很多，根据铣刀的安装方法分为带孔铣刀和带柄铣刀两大类。

1. 带孔铣刀及其安装

（1）带孔铣刀

带孔铣刀适用于卧式铣床加工，能加工各种表面，应用范围较广，如图3—2所示。

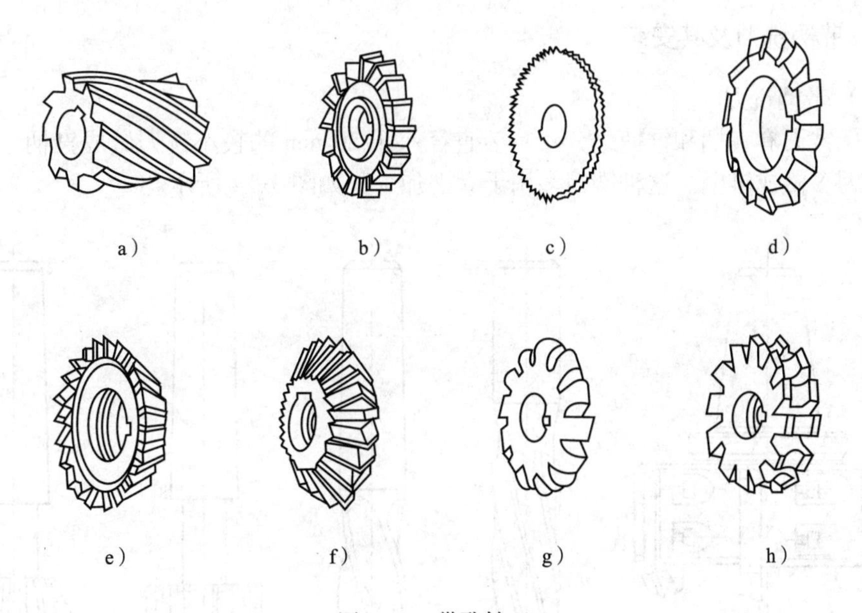

图3—2　带孔铣刀

a）圆柱铣刀　b）三面刃铣刀　c）锯片铣刀　d）模数铣刀　e）单角铣刀　f）双角铣刀　g）凸圆弧铣刀　h）凹圆弧铣刀

1）圆柱形铣刀，可加工平面。

2）三面刃铣刀，可加工平面、直槽。

3）锯片铣刀，可加工直槽并切断工件。

4）模数铣刀，可加工齿轮齿条。

5）单角铣刀，可加工斜面。

6）双角铣刀，可加工斜面、V形槽。

7）凸圆弧铣刀，可加工凹半圆槽。

8）凹圆弧铣刀，可加工凸半圆槽。

（2）带孔铣刀的安装（见图3—3）。

1）铣刀应可能地靠近主轴，以保证刀柄的刚度；套筒的端面和铣刀的端面擦干净，减少刀的跳动；拧紧刀柄的压紧螺母时，必须先装上吊架，以防刀柄受力弯曲。

2）带孔铣刀是靠专用心轴安装的，如套式铣刀、面铣刀，属于短刀柄安装。

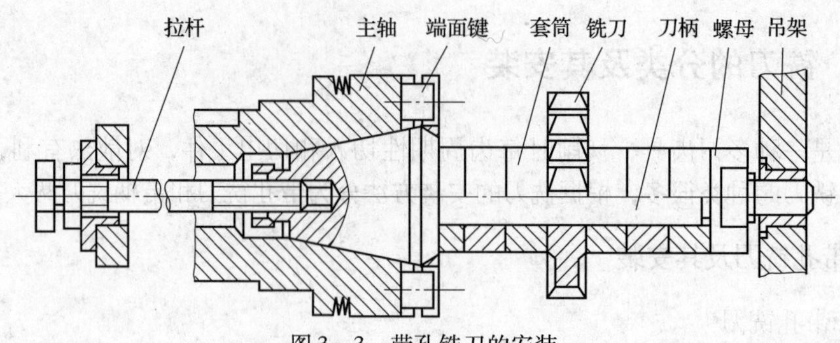

图 3—3　带孔铣刀的安装

2. 带柄铣刀及其安装

（1）带柄铣刀

带柄铣刀有直柄和锥柄之分。一般直径小于 20 mm 的较小铣刀做成直柄，直径较大的铣刀多做成锥柄。这种铣刀多用于立铣加工，如图 3—4 所示。

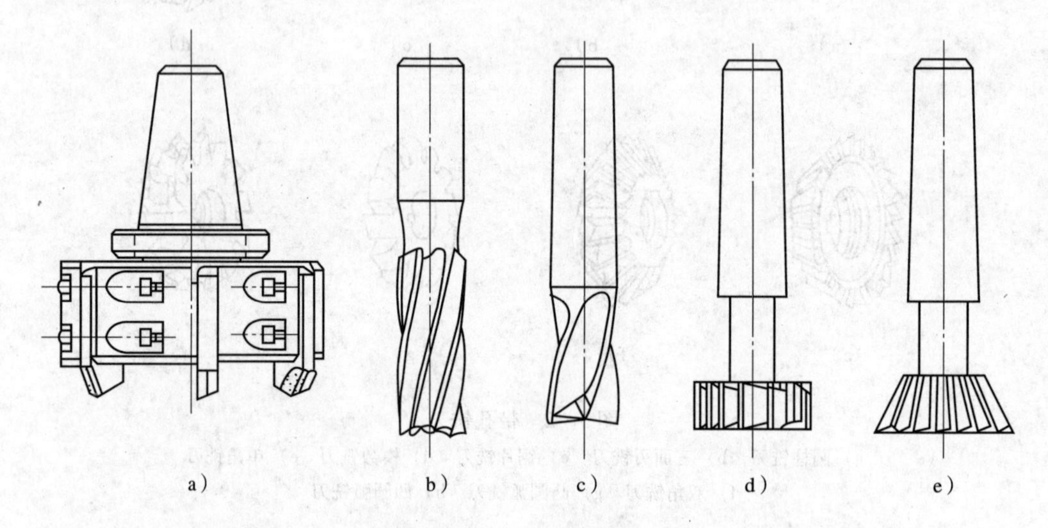

图 3—4　带柄铣刀

a）端铣刀　b）直柄立铣刀　c）锥柄立铣刀　d）T 形槽铣刀　e）燕尾槽铣刀

1）端铣刀。由于其刀齿分布在铣刀的端面和圆柱面上，故多用于立式升降台铣床上加工平面，也可用于卧式升降台铣床上加工平面。

2）立铣刀。它是一种带柄铣刀，有直柄和锥柄两种，适于铣削端面、斜面、沟槽和台阶面等。

3）键槽铣刀和 T 形槽铣刀。专门用于加工键槽和 T 形槽。

4）燕尾槽铣刀。专门用于铣燕尾槽。

（2）带柄铣刀的安装

1）直径较小的铣刀，可用弹簧夹安装。当铣刀的锥柄和主轴的锥柄相符时，可直接用于安装。当铣刀的锥柄与主轴不符时，用一个内孔与铣刀锥柄相符而外锥与主轴孔相符的过渡套将铣刀装入主轴孔内。

2）锥柄铣刀可通过变锥套安装在锥度为7∶24锥孔的刀轴上，再将刀轴安装在主轴上，如图3—5所示。直柄铣刀多用专用弹性夹头进行安装，一般直径不大于20 mm。

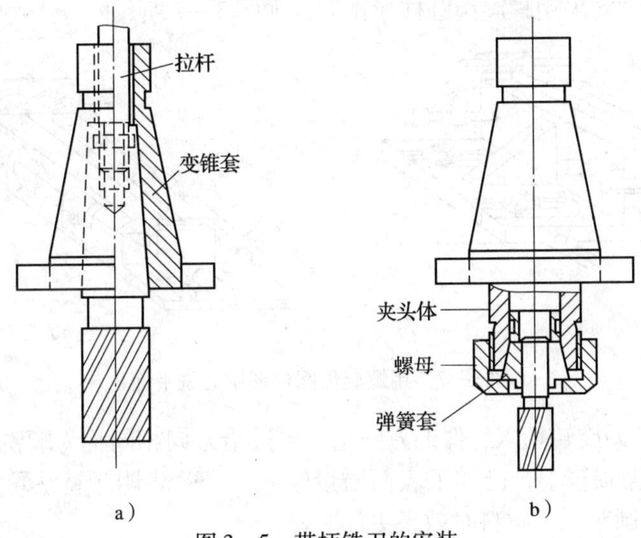

图3—5　带柄铣刀的安装

3．铣削方式

铣削有顺铣与逆铣两种方式。铣刀对工件的作用力在进给方向上的分力与工件进给方向相同的铣削方式，称为顺铣；铣刀对工件的作用力在进给方向上的分力与工件进给方向相反的铣削方式，称为逆铣。用圆柱形铣刀周铣平面时的铣削方式如图3—6所示。

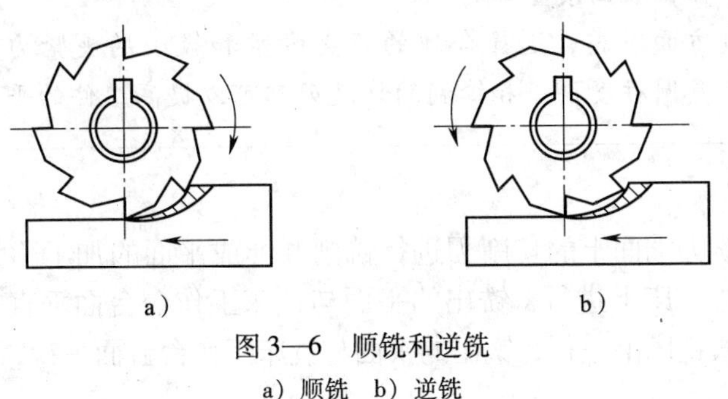

图3—6　顺铣和逆铣

a）顺铣　b）逆铣

三、铣削的基本操作

1．铣平面

用铣削方法加工工件的平面称为铣平面。铣平面主要有周铣和端铣两种方法，也可以用立铣刀加工平面。

（1）周铣

利用分布在铣刀圆柱面上的切削刃进行铣削并形成平面的加工称为圆周铣，简称周铣。周铣主要在卧式铣床上进行，铣出的平面与工作台台面平行。圆柱形铣刀的刀齿有直齿与螺旋齿两种，由于螺旋齿刀齿在铣削时是逐渐切入工件的，铣削较平稳，因此，铣削平面时均采用螺旋齿圆柱形铣刀，如图 3—7 所示。

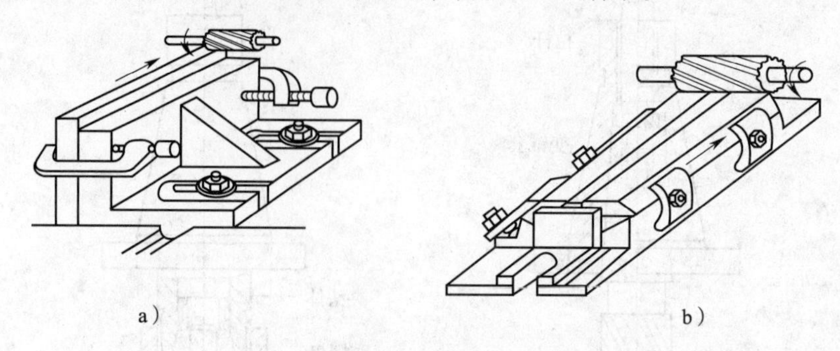

图 3—7 用螺旋齿圆柱形铣刀铣平面

1）顺铣。铣刀旋转切入工件的方向与工件进给方向相同称为顺铣。顺铣时容易切下切削层，刀齿磨损较小，已加工表面质量较高。经验表明顺铣法可提高刀具耐用度 2～3 倍，尤其铣削难加工材料时效果更加明显。

2）逆铣。铣刀旋转切入工件的方向与工件进给方向相反称为逆铣。逆铣时，刀齿在工件表面上挤压和摩擦严重，刀齿较易磨损。同时，工件表面受到较大的挤压应力，冷硬现象严重，更加剧刀齿磨损，并影响已加工表面质量。

> 周铣时，保证加工平面质量的方法如下：
>
> ①从表面粗糙度方面考虑，工件的进给速度小些，铣刀的转速高些，可以减小表面粗糙度值，保证表面质量。
>
> ②从平面度方面考虑，选择合理的装夹方案和较小的夹紧力可减小工件的变形，而较小的刀具圆柱度误差和锋利的切削刃都可以提高工件的平面度。

（2）端铣

利用分布在铣刀端面上的切削刃进行铣削并形成平面的加工称为端铣。用端铣刀铣平面可以在卧式铣床上进行，铣出的平面与铣床工作台台面垂直，如图 3—8 所示。端铣也可以在立式铣床上进行，铣出的平面与铣床工作台台面平行，如图 3—9 所示。

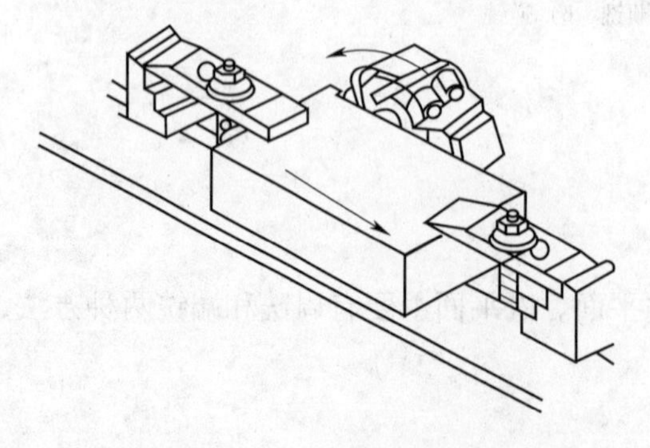

图 3—8 卧式铣床加工端面

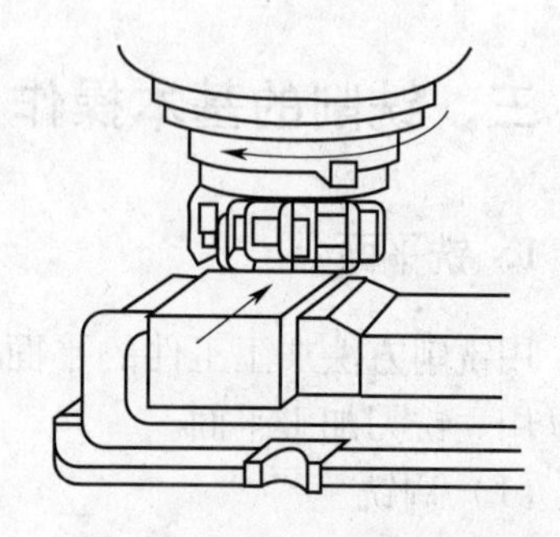

图 3—9 立式铣床加工端面

端铣时，保证加工平面质量的方法如下：

①较小的进给速度和较高的铣刀转速都可以提高表面粗糙度，从而保证工件的表面质量。

②平面度主要取决于铣床主轴轴线与进给方向的垂直度误差。所以，在用端铣方法加工平面时，应进行铣床主轴轴线与进给方向垂直度的校正。

（3）用立铣刀铣平面

用立铣刀铣平面在立式铣床上进行，用立铣刀的圆柱面切削刃铣削，铣出的平面与铣床工作台台面垂直，如图 3—10 所示。由于立铣刀的直径相对于端铣刀的回转直径较小，因此，加工效率较低。用立铣刀加工较大平面时有接刀纹，相对而言，表面粗糙度值 *Ra* 较大。但其加工范围广泛，可进行各种内腔表面的加工。

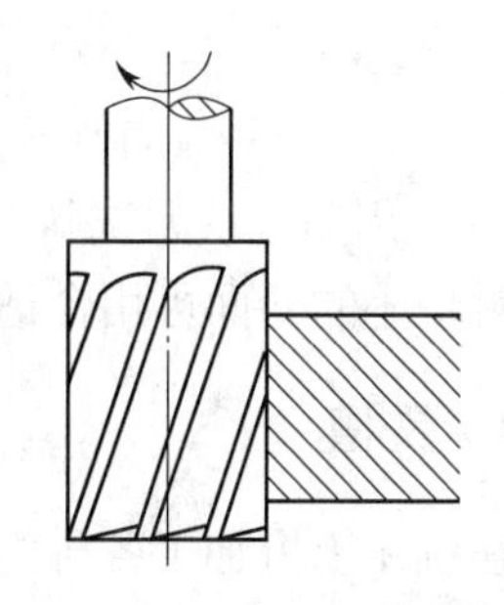

图 3—10 用立铣刀加工平面

2. 铣台阶

台阶面可以用三面刃铣刀在卧式铣床上铣削，也可以在立式铣床上铣削，在成批生产中，可用组合铣刀同时铣削几个台阶面，如图 3—11 所示。

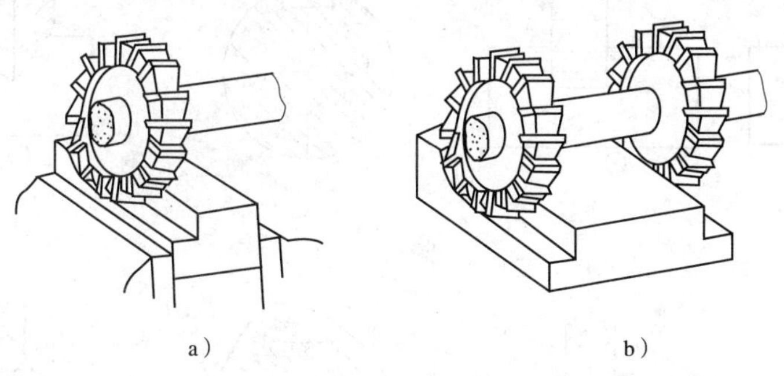

a） b）

图 3—11 三面刃铣刀铣台阶

a）一把三面刃铣刀铣台阶 b）组合三面刃铣刀铣台阶

3. 铣斜面

铣斜面常用的几种方法：倾斜垫铁法、分度头法、偏转铣刀法、角度铣刀法。

（1）用倾斜垫铁铣斜面

在工件的基准面下垫一块相应角度的倾斜垫铁，即可加工出所需的斜面，如图 3—12a 所示。

（2）用分度头铣斜面

对适宜于用三爪自定心卡盘装夹的工件（如圆柱体等）上铣斜面时，可用分度头安装工件，将分度头主轴扳转一定角度即可铣出斜面，如图 3—12b 所示。

（3）用偏转铣刀铣斜面

偏转铣刀可在主轴能回转一定角度的立式铣床上进行，也可在卧式铣床上利用万能铣头实现，如图 3—12c 所示。

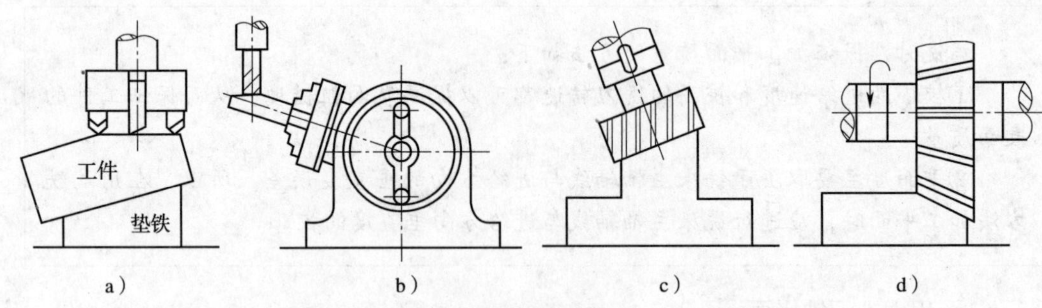

图 3—12　铣斜面

a）用倾斜垫铁　b）用分度头　c）用偏转铣刀　d）用角度铣刀

（4）用角度铣刀铣斜面

对较小的斜面可用合适的角度铣刀加工，如图 3—12d 所示。

4．铣槽

在铣床上可加工各种沟槽，如直槽、键槽、角度槽、燕尾槽、T 形槽、圆弧槽和齿槽等，如图 3—13 所示。

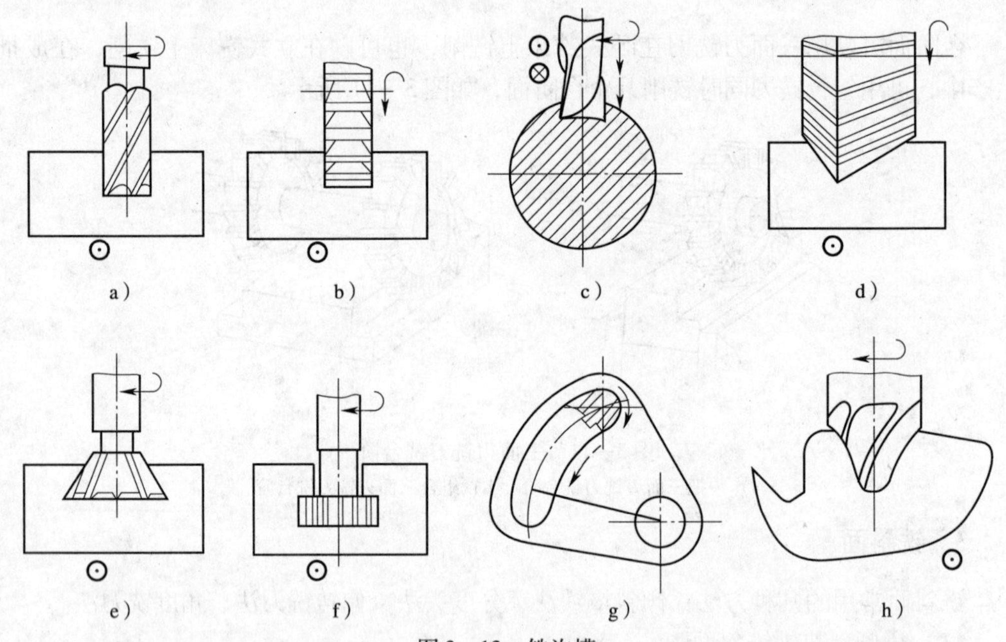

图 3—13　铣沟槽

a）立铣刀铣直槽　b）三面刃铣刀铣直槽　c）键槽铣刀铣键槽　d）铣角度槽　e）铣燕尾槽　f）铣 T 形槽　g）在圆形工作台上立铣刀铣圆弧槽　h）指状铣刀铣齿槽

（1）键槽的作用

键连接是通过键将轴与轴上零件（如齿轮、带轮、凸轮等）连接在一起，实现周向固定，并传递转矩的连接。键连接属于可拆卸连接，具有结构简单、工作可靠、装拆方便和已经标准化等特点，故得到广泛的应用。键连接中使用最普遍的是平键连接。平键是标准件，它的两侧面是工作面，用以传递转矩。轴上的键槽俗称轴槽，轴上零件（即套类零件）的键槽俗称轮毂槽。轴槽与轮毂槽都是直角沟槽。轴槽多用铣削的

方法加工，图3—14是用三面刃铣刀铣键槽。

（2）轴上键槽的铣削方法

1）铣通键槽。铣削通槽或一端为圆弧形的半通槽时，一般都采用盘形槽铣刀来加工。对于长轴类零件，若外圆已经磨削，则可采用平口钳装夹进行铣削。为避免因工件伸出钳口太多而产生振动和弯曲，可在伸出端用千斤顶支撑。若采用一夹一顶装夹工件铣削通键槽时，中间需用千斤顶支撑。

2）铣削封闭键槽。用键槽铣刀铣削轴上封闭槽的方法有以下两种：

①分层铣削法。分层铣削法是用符合键槽宽度尺寸的铣刀分层铣削键槽，如图3—15所示。

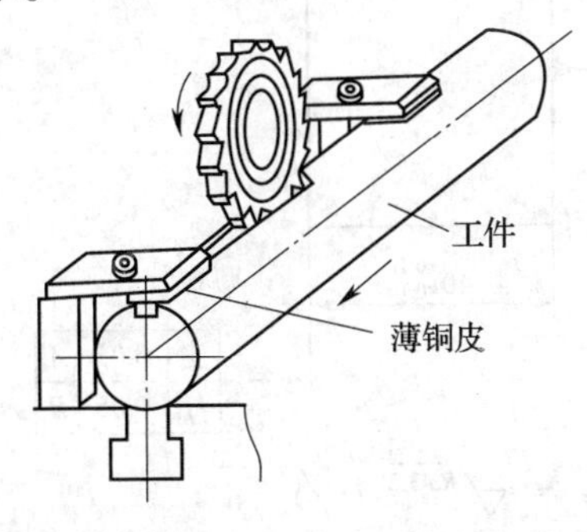

图3—14 三面刃铣刀铣键槽

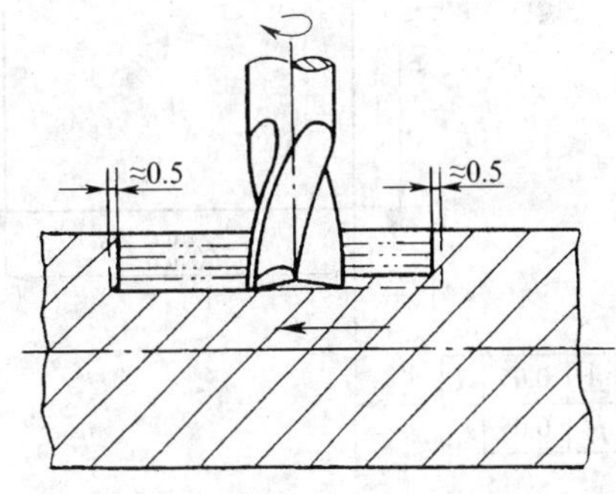

图3—15 分层铣削

②扩刀铣削法。扩刀铣削法是先用直径较小的键槽铣刀（比槽宽尺寸小0.5 mm左右）进行分层往复粗铣至槽深，深度留余量0.1 ~ 0.3 mm，槽长两端各留余量0.2 ~ 0.5 mm，再用符合轴槽宽度尺寸的键槽铣刀精铣，如图3—16所示。精铣时，由于铣刀的两个切削刃的径向力能相互平衡，所以铣刀偏让量较小，键槽的对称度好。但应当注意消除横向进给丝杠和螺母配合间隙的影响，以免键槽中心位置偏移。

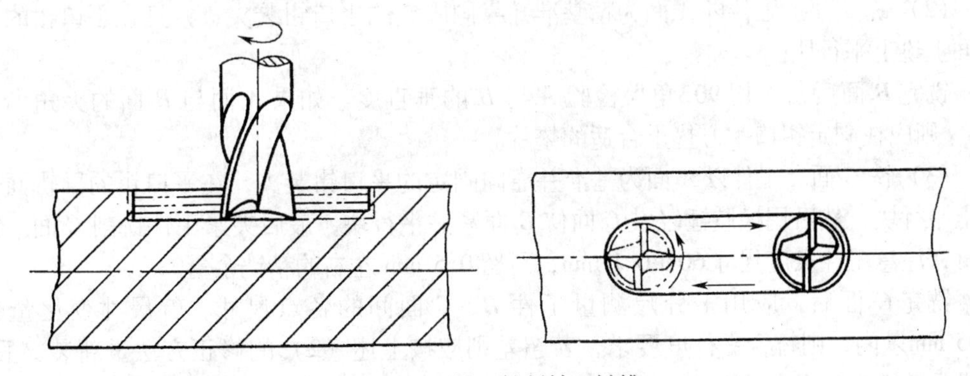

图3—16 扩刀铣削轴上键槽

> 注意事项：
>
> ①加工键槽前，应认真检查铣刀尺寸，试铣合格后再加工工件。
>
> ②铣削用量要合适，避免产生“让刀”现象，以免将槽铣宽。
>
> ③铣削时不准测量工件，不准手摸铣刀和工件。

四、铣削综合训练

如图 3—17 所示，铣削矩形工件。

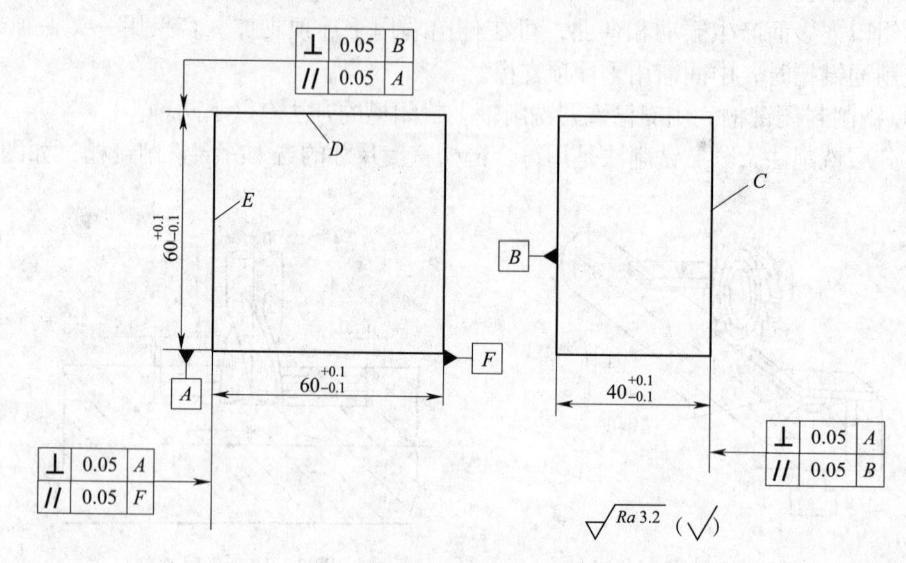

图 3—17　矩形工件

技术要求：不准使用锉刀和纱布修整工件表面。
未注倒角 C0.5。

铣削步骤如下：

（1）铣 *A* 面。工件以 *B* 面为粗基准并靠向固定的平口钳装夹，并且在平口钳的导轨面上垫上平行块。

（2）铣 *B* 面。工件以 *A* 面为精基准并靠向固定的平口钳装夹，并且在平口钳的导轨面上垫上平行块。

铣完 *B* 面后，应用 90° 角尺检验 *A* 与 *B* 的垂直度。如果 *A* 面与 *B* 面的夹角大于 90°，则应在固定钳口下方垫上合适的垫片。

（3）铣 *C* 面。工件以 *A* 面为基准并靠向固定的平口钳装夹，在平口钳的导轨面上垫上平行块，然后用橡胶锤轻敲 *C* 面使 *B* 面紧贴平行块，最后夹紧工件铣削 *C* 面。铣削时，注意工件长度尺寸 60 ±0.1 mm，可留 0.5 mm 左右的精铣余量。

铣完 *C* 面后，应用千分尺测量工件 *B*、*C* 面间的各点尺寸。若尺寸变化量在 0.05 mm以内，则符合平行度要求，若超差则应按上述（2）的修正方法重新装夹后，再进行精铣，确保尺寸在 60 ±0.1 mm。

（4）铣 *D* 面。工件以 *B* 面为基准并靠向固定的平口钳装夹，在 *A* 面下放置平行垫块并用铜棒或橡胶锤轻敲工件，使工件与钳口贴合，铣削时注意宽度尺寸。

粗铣完 *D* 面后，应预检平行度，再根据实测尺寸调整铣削深度进行精铣，精铣后确保尺寸 40 ±0.1 mm，并保证平行度与垂直度在 0.05 mm 以内。

（5）铣 *E* 面。工件以 *A* 面为基准并靠向固定的平口钳装夹，工件轻敲夹紧，用 90° 角尺找正 *B* 面或 *C* 面，以保证 *B* 面与 *E* 面的垂直度，铣 *E* 面。

精铣完 E 面后，应以 E 面为基准，用 90°角尺测 E 面与 A、B 面的垂直度，如果误差大，应重新装夹、校正，然后进行铣削，直至垂直度达标。

（6）铣 F 面。工件以 A 面为基准并靠向固定的平口钳装夹，确保 E 面与平行块贴合。粗铣时注意宽度尺寸，预留精铣余量。

最后用千分尺测量 E、F 两面间的尺寸，若尺寸变化在 0.05 mm 以内，则平行度、垂直度符合工件要求，工件合格，若超差，则应按以上步骤重新装夹铣削。

参考试题

学生独立完成。

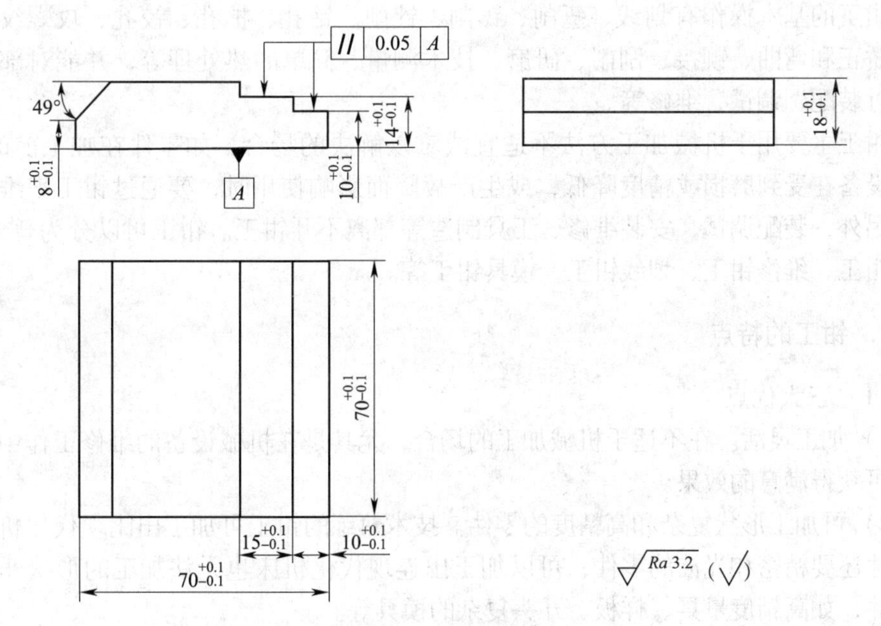

图 3—18　阶梯型工件

技术要求：不准使用锉刀和纱布修整工件表面。

未注倒角 C0.5。

模块四　钳　　工

一、钳工概述

钳工的基本操作有划线、錾削、锯削、锉削、钻孔、扩孔、铰孔、攻螺纹和套螺纹、矫正和弯曲、铆接、刮削、研磨、技术测量、简单的热处理等，并能对部件或机器进行装配、调试、维修等。

钳工主要用于机械加工方法不适宜或难以解决的场合，如零件在加工前的划线；机械设备在受到磨损或精度降低，或生产故障而影响使用时，要通过钳工来维护和修理。另外，装配调试、安装维修、工具制造等都离不开钳工。钳工可以分为普通钳工、工具钳工、维修钳工、划线钳工、模具钳工等。

1．钳工的特点

（1）三大优点

1）加工灵活。在不适于机械加工的场合，尤其是在机械设备的维修工作中，钳工加工可获得满意的效果。

2）可加工形状复杂和高精度的零件。技术熟练的钳工可加工出比现代化机床加工的零件还要精密和光洁的零件，可以加工出连现代化机床也无法加工的形状非常复杂的零件，如高精度量具、样板、开头复杂的模具等。

3）投资小。钳工加工所用工具和设备价格低廉，携带方便。

（2）两大缺点

1）生产效率低，劳动强度大。

2）加工质量不稳定，加工质量的高低受工人技术熟练程度的影响。

2．钳工的技能要求

钳工技能要求加强基本技能练习，严格要求，规范操作，多练多思，勤劳创新。

基本操作技能是进行产品生产的基础，也是钳工专业技能的基础，因此，必须首先熟练掌握，才能在今后工作中逐步做到得心应手，运用自如。

钳工基本操作项目较多，各项技能的学习掌握又具有一定的相互依赖关系，因此，要求必须循序渐进，由易到难，由简单到复杂，一步一步地对每项操作都要按要求学习好，掌握好。基本操作是技术知识、技能技巧和力量的结合，不能偏废任何一个方面。要自觉遵守纪律，要有吃苦耐劳的精神，严格按照每个工种的操作要求进行操作。只有这样，才能很好地完成基础训练。

3. 钳工常用设备

（1）钳工工作台

钳工工作台也称为钳台，有单人用和多人用两种，一般用木材或钢材做成。要求平稳、结实，其高度为800～900 mm，长和宽依工作需要而定。钳口高度恰好齐人手肘为宜，如图4—1所示。钳台上必须安装防护网，其抽屉用来放置工、量用具。

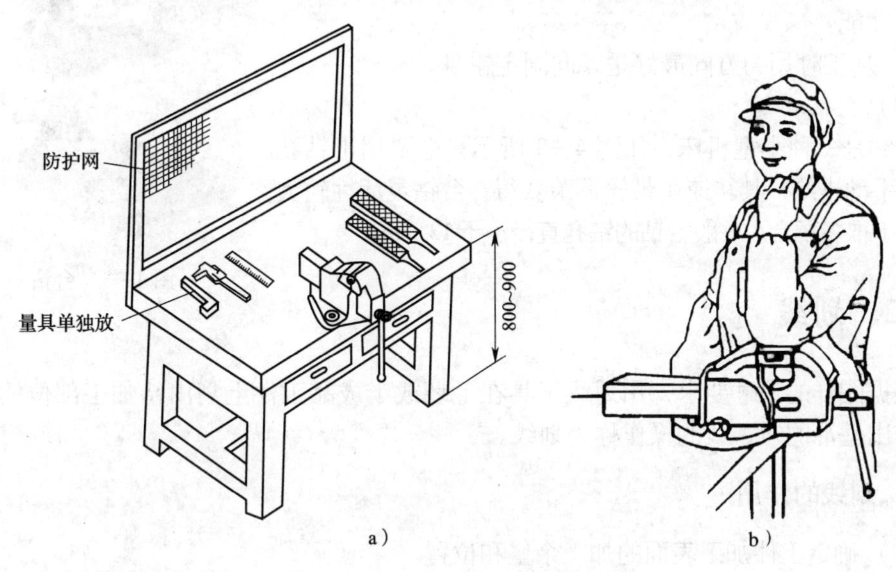

图4—1　钳工工作台

a）工作台　b）虎钳的合适高度

（2）虎钳

虎钳用来夹持工件，如图4—2所示，以钳口的宽度来表示，常用的有100 mm、125 mm、150 mm三种。使用虎钳时应注意：

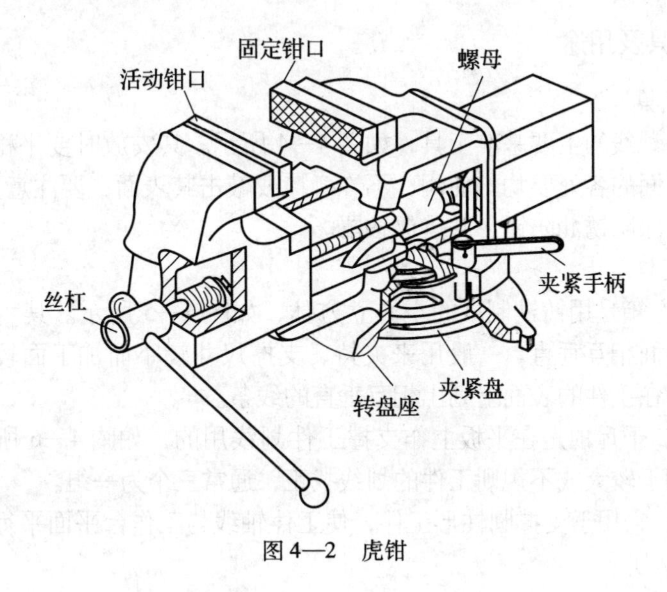

图4—2　虎钳

1）工件尽量夹在钳口中部，以使钳口受力均匀。

2）夹紧后的工件应稳定可靠，便于加工，并不产生变形。

3）夹紧工件时，一般只允许依靠手的力量来扳动手柄，不能用手锤敲击手柄或随意套上长管子来扳手柄，以免丝杠、螺母或钳身损坏。

4）不要在活动钳身的光滑表面进行敲击作业，以免降低配合性能。

5）加工时用力方向最好是朝向固定钳身。

（3）台钻

台钻是一种小型机床，如图4—3所示，主要用于钻孔。一般为手动进给，其转速由带轮调节获得。台钻灵活性较大，可适用于很多场合。一般台钻的钻孔直径小于13 mm。

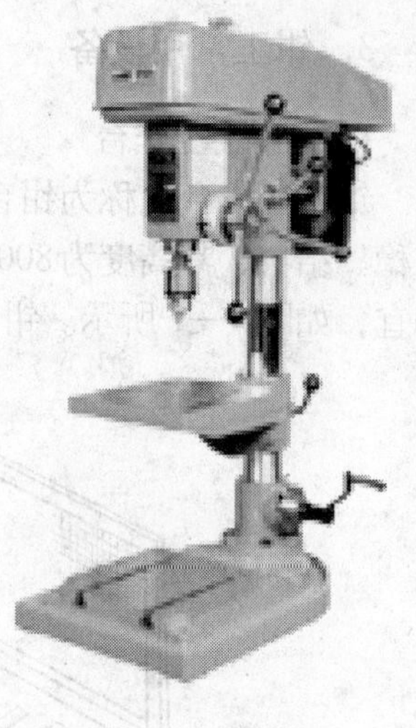

图4—3　台钻

二、划线

根据图样的尺寸要求，用划线工具在毛坯或半成品工件上划出待加工部位的轮廓线或作出基准的点、线的操作称为划线。

1. 划线的作用

（1）确定工件加工表面的加工余量和位置。

（2）检查毛坯的形状、尺寸是否合乎图样要求。

（3）合理分配各加工面的余量。

划线不仅使加工有明确的界限，而且能及时发现和处理不合格的毛坯，避免造成损失。而在毛坯误差不太大时，往往可以依靠划线的借料法予以补救，使零件加工表面仍符合要求。

2. 划线工具及用途

（1）基准工具

划线平台是划线的主要基准工具，如图4—4所示。其安放时要平稳牢固，上平面要保持水平。平面的各处要均匀使用，不许碰撞或敲击其表面，要注意其表面的清洁。长期不用时，应涂防锈油防锈，并盖保护罩。

（2）支撑工具

1）方箱。方箱是用铸铁制成的空心立方体，如图4—5所示。其六个面都经过精加工，相邻的各面相互垂直。一般用来夹持、支撑尺寸较小而加工面较多的工件。通过翻转方箱，可在工件的表面上划出相互垂直的线条。

2）千斤顶。千斤顶是在平板上作支撑工件划线用的，如图4—6所示。它的高度可以调整，常用于较大或不规则工件的划线找正，通常三个为一组。

3）V形铁。它用于支撑圆柱形工件，使工件轴线与工作台平面平行，一般两块为一组，如图4—7所示。

图 4—4　划线平台

图 4—5　方箱

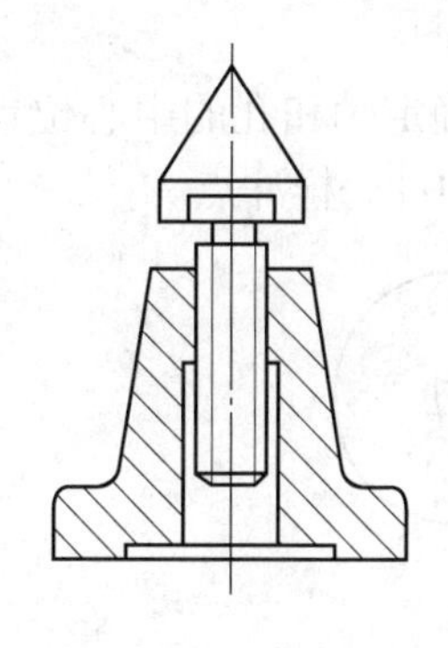

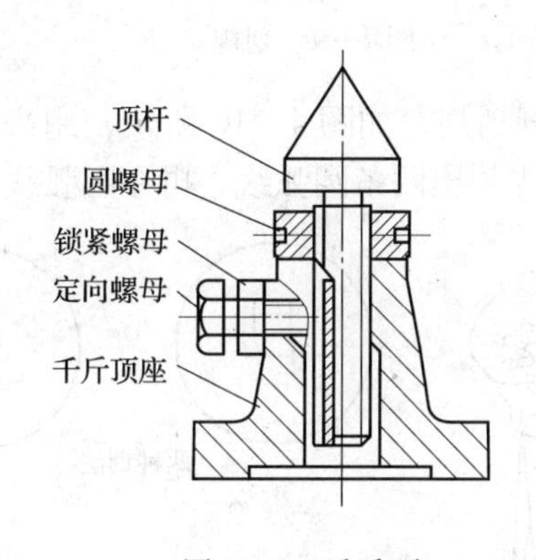

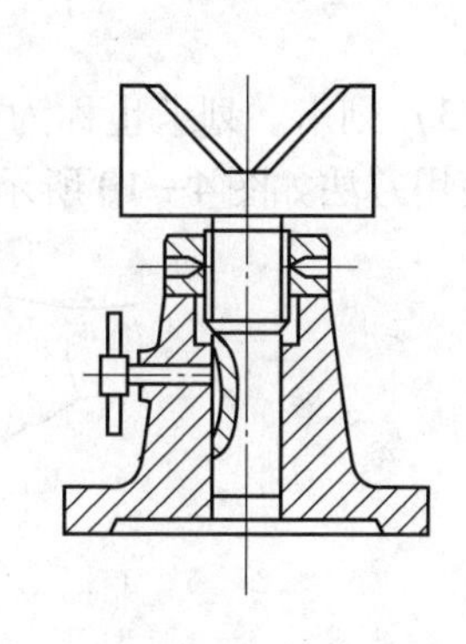

图 4—6　千斤顶

（3）划线工具

1）划针。划针是在工件表面划线的工具，如图 4—8 所示。其一般由工具钢或弹簧钢丝制成，尖端磨成 15°～20°的尖角，并经过热处理，硬度达 55～60HRC。

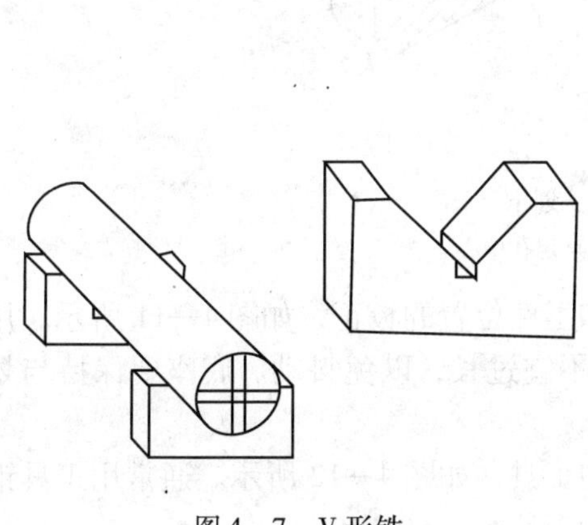

图 4—7　V 形铁

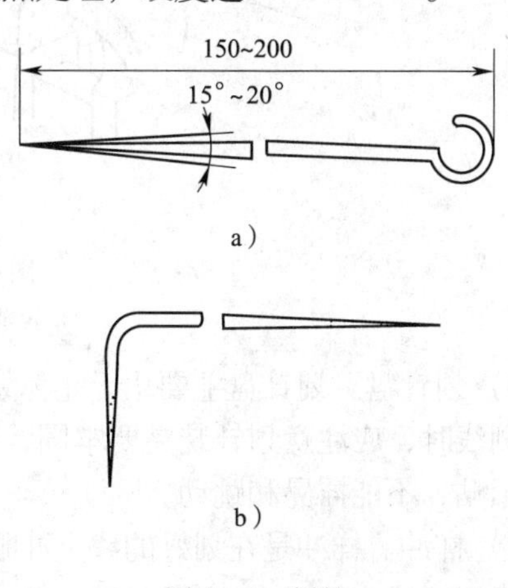

图 4—8　划针

a）直划针　b）弯头划针

2）划规。划规是划圆或划弧线、等分线段及量取尺寸等操作所使用的工具，如图4—9所示。其用法与制图中的圆规相同。

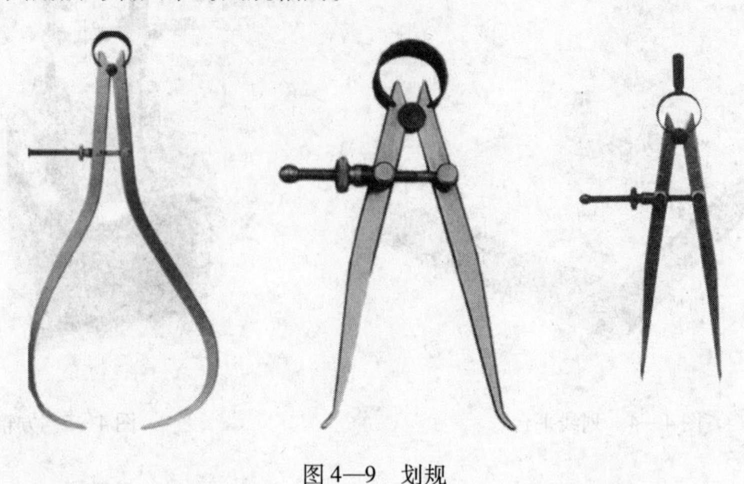

图4—9　划规

3）划卡。划卡也称为单脚划规，如图4—10所示，用来确定轴和孔的中心位置。其使用方法如图4—10所示，先划出四条圆弧线，再在圆弧线中冲一样冲点。

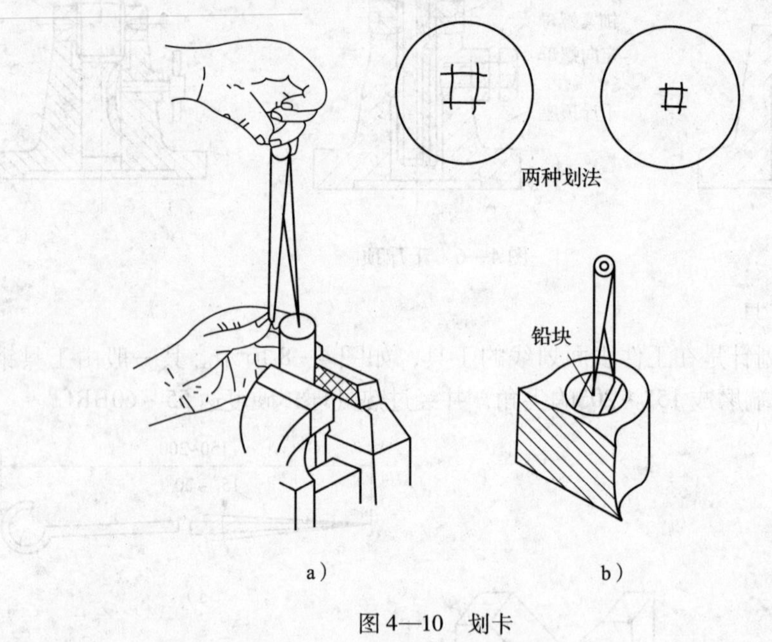

图4—10　划卡
a）定轴线　b）定孔中心

4）划针盘。划针盘主要用于立体划线和工件位置的校正，如图4—11所示。用划针盘划线时，应注意划针装夹要牢固，伸出不宜过长，以免抖动。底座要保持与划线平板紧贴，不能摇晃和跳动。

5）样冲。样冲是在划好的线上冲眼用的工具，如图4—12所示。通常用工具钢制成，尖端磨成60°左右，并经过热处理，硬度高达55～60HRC。

6）高度尺。它与划针盘配合使用，以确定划针高度。如图4—13所示。

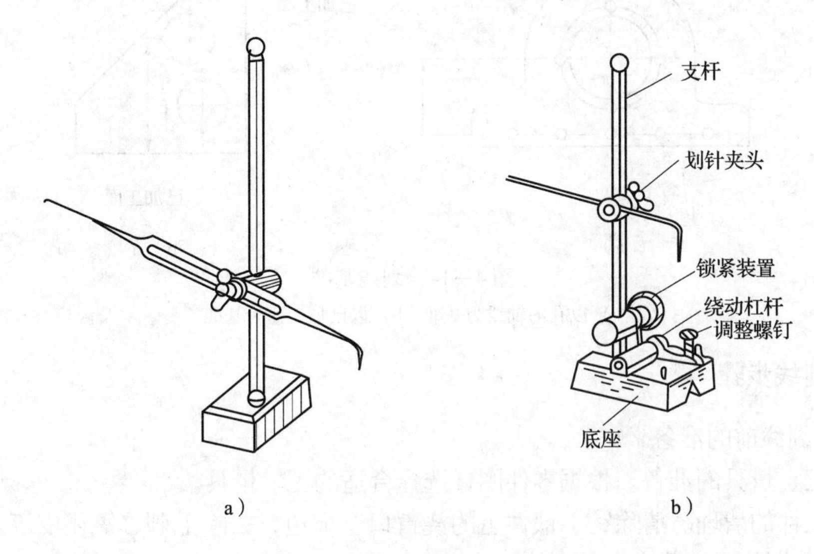

图 4—11　划针盘

a）普通划针盘　b）可调划针盘

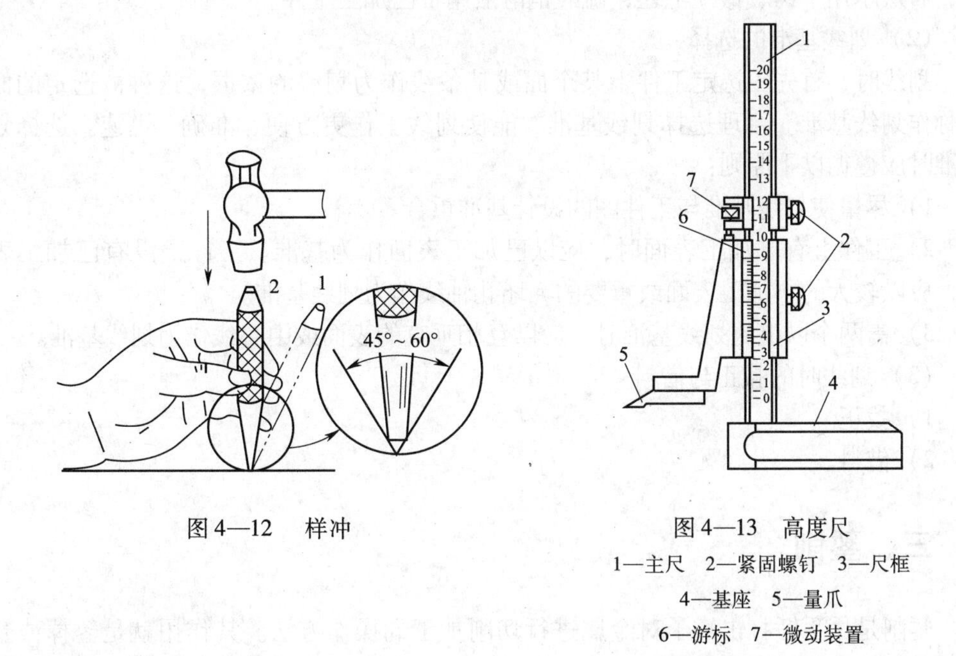

图 4—12　样冲

图 4—13　高度尺

1—主尺　2—紧固螺钉　3—尺框

4—基座　5—量爪

6—游标　7—微动装置

3. 划线基准

划线基准：用划针盘划各水平线时，应选定某一基准作为依据，并以此来调节每次划线的高度。它通常与零件图的设计基准相一致。合理选择划线基准，能够提高划线质量和划线速度，并可以避免失误。通常选择重要孔的轴线为划线基准，若工件上有的平面已加工，则应选该平面为划线基准。如图 4—14 所示。

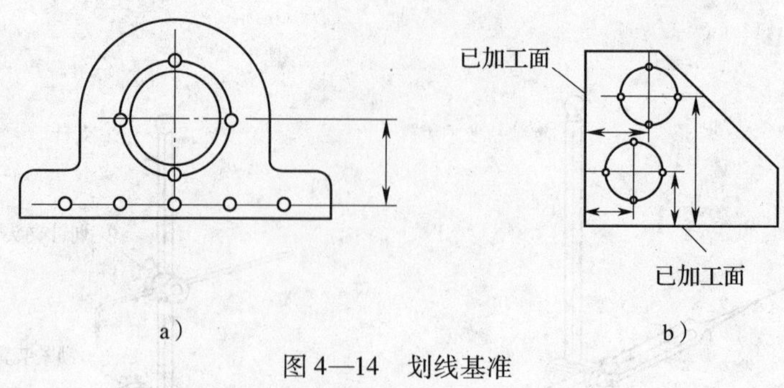

图 4—14　划线基准

a）以孔的轴线为基准　b）以已加工面为基准

4．划线步骤

（1）划线前的准备

1）工、量具的准备。根据零件图样选择合适的工、量具。

2）工件的清理。清除铸、锻件上的浇冒口、飞边，去除毛刺、氧化皮等。在需要确定中心位置的毛坯孔中安装塞块。

3）工件的涂色。为使划出的线条更清晰，划线前在工件的划线部位涂上一层均匀的涂料。常用的涂料有粉笔、石灰水、硫酸铜溶液等。粉笔用于数量少、工件小的毛坯；石灰水用于铸、锻件毛坯；硫酸铜溶液用于已加工工件。

（2）划线基准的选择

划线时，首先应选定工件上某个面或某条线作为划线的依据，这种被选定的面或线称作划线基准。合理选择划线基准，能使划线工作更方便、准确、迅速。选择划线基准时应遵循以下原则：

1）尽量使划线基准与工件图的设计基准重合。

2）工件上有已加工表面时，应以已加工表面作为基准。工件上没有已加工表面时，应以较大的不加工表面或重要的毛坯孔轴线作为划线基准。

3）需两个以上的划线基准时，应以互相垂直的表面或中心线作为划线基准。

（3）划线时的找正与借料

1）找正。

2）借料。

三、錾削

錾削是用手锤打击錾子对金属进行切削加工的操作方法。其作用就是錾掉或錾断金属，使其达到所需的形状和尺寸。錾削加工具有很大的灵活性，它不受设备、场地的限制，可以在其他设备无法完成加工的情况下进行操作。目前，一般用在凿油槽、刻模具和錾断板料等方面。它是钳工需要掌握的基本操作技能之一。

錾削工具主要是錾子和手锤。錾子一般由碳素工具钢 T7 或 T8，经过锻造后，再进行刃磨和热处理而制成。其硬度要求是切削部分为 52 ~ 57HRC，头部为 32 ~ 42HRC。它由切削刃、斜面、柄部、头部四个部分组成，如图 4—15 所示。

柄部一般做成八棱形，头部近似为球面形，全长170 mm左右，直径为18 ~20 mm。常用的錾子有扁錾、尖錾和油槽錾，如图4—16所示。

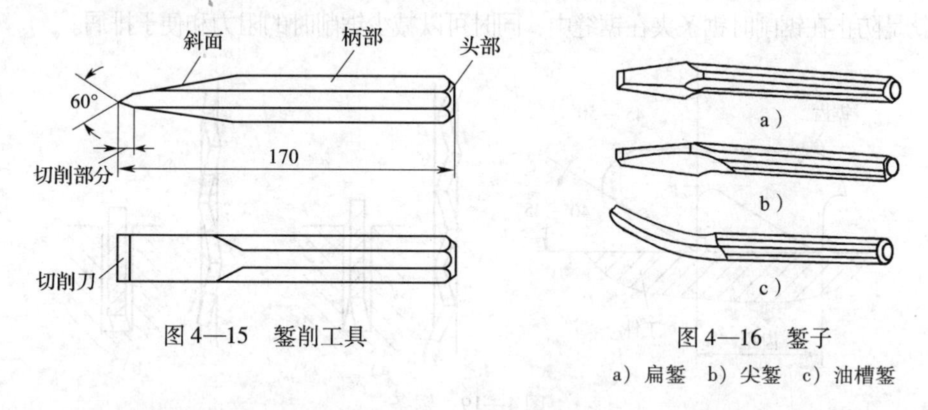

图4—15 錾削工具

图4—16 錾子
a）扁錾 b）尖錾 c）油槽錾

要想錾子能顺利地切削，它必须具备两个条件：一是切削部分的硬度比材料的硬度要高，二是切削部分必须做成楔形。

四、锯削

锯削是用手锯对材料或工件进行分割的一种切削加工。其工作范围包括：分割各种材料或半成品，锯掉工件上多余的部分，以及在工件上开槽，如图4—17所示。

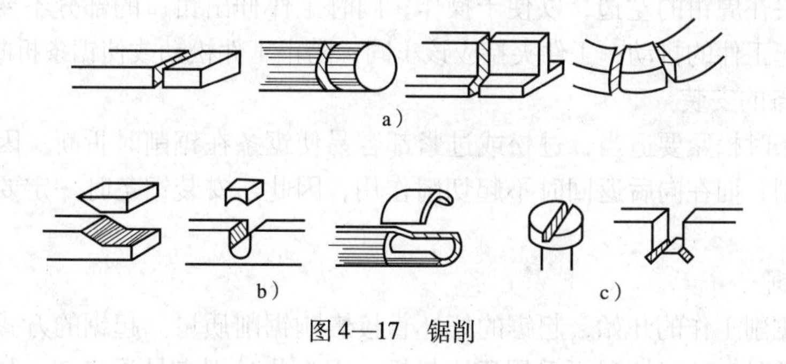

图4—17 锯削

1. 手锯

锯削加工时所用的工具为手锯，它主要由锯弓和锯条组成。锯弓用来安装并张紧锯条，分为固定式和可调式。固定式锯弓只能安装一种长度规格的锯条；而可调锯弓通过调节安装距离，可以安装几种长度规格的锯条。如图4—18所示。

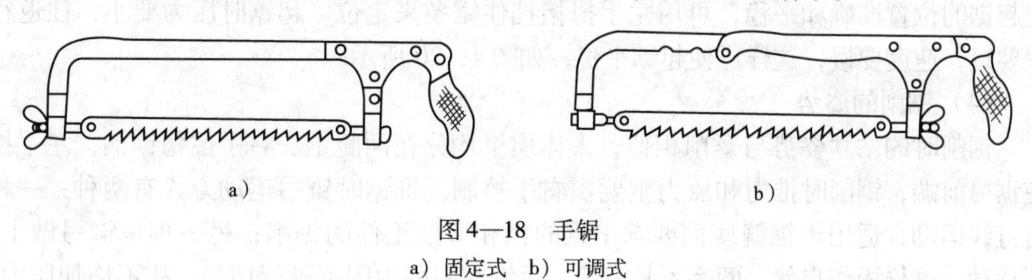

图4—18 手锯
a）固定式 b）可调式

锯条用碳素工具钢或合金钢制成，并经过热处理淬硬。常用的手工锯条长300 mm，宽12 mm，厚0.8 mm。从图4—19中可以看出，锯齿排列呈左右错开状，人们称之为锯路。其作用就是防止在锯削时锯条夹在锯缝中，同时可以减少锯削时的阻力和便于排屑。

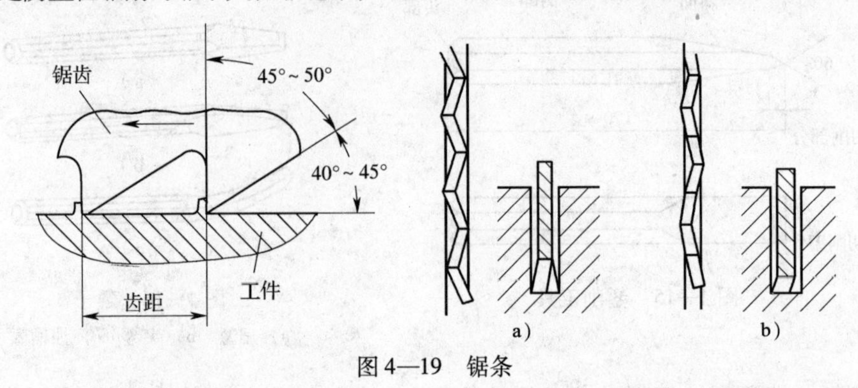

图4—19　锯条

锯齿的粗细是按照锯条上每25 mm长度内的齿数来表示，14~18齿为粗齿，24齿为中齿，32齿为细齿。其中粗齿锯条用于加工软材料或厚材料；中等硬度的材料选用中齿锯条；硬材料或薄材料锯削时一般选用细齿锯条。

2. 锯削操作要领

（1）工件的装夹

工件应夹在虎钳的左边，以便于操作；同时工件伸出钳口的部分不要太长，以免在锯削时引起工件的抖动；工件夹持应该牢固，防止工件松动或使锯条折断。

（2）锯条的安装

安装锯条时松紧要适当，过松或过紧都容易使锯条在锯削时折断。因手锯是向前推时进行切削，而在向后返回时不起切削作用，因此，安装锯条时一定要保证齿尖的方向朝前。

（3）起锯

起锯是锯削工作的开始，起锯的好坏直接影响锯削质量。起锯的方式有远边起锯和近边起锯两种，一般情况下采用远边起锯，因为此时锯齿是逐步切入材料，不易被卡住，起锯的方法比较方便。如采用近边起锯，掌握不好时，锯齿由于突然锯入且较深，容易被工件棱边卡住，甚至崩断或崩齿。

无论采用哪一种起锯方法，起锯角α以15°为宜。如起锯角太大，则锯齿易被工件棱边卡住；起锯角太小，则不易切入材料，锯条还可能打滑，把工件表面锯坏。为了使起锯的位置准确和平稳，可用左手拇指挡住锯条来定位。起锯时压力要小，往返行程要短，速度要慢，这样可使起锯平稳，如图4—20所示。

（4）锯削的姿势

锯削时的站立姿势与錾削相似，人体质量均分在两腿上。右手握稳锯柄，左手扶在锯弓前端，锯削时推力和压力主要由右手控制。推锯时锯弓运动方式有两种：一种是直线运动，适用于锯缝底面要求平直的槽和薄壁工件的锯削；另一种是锯弓做上、下摆动，这样操作自然，两手不易疲劳。手锯在回程中因不进行切削，故不施加压力，

以免锯齿磨损。在锯削过程中锯齿崩落后，应将邻近几个齿都磨成圆弧，才可继续使用，否则会连续崩齿直至锯条报废。

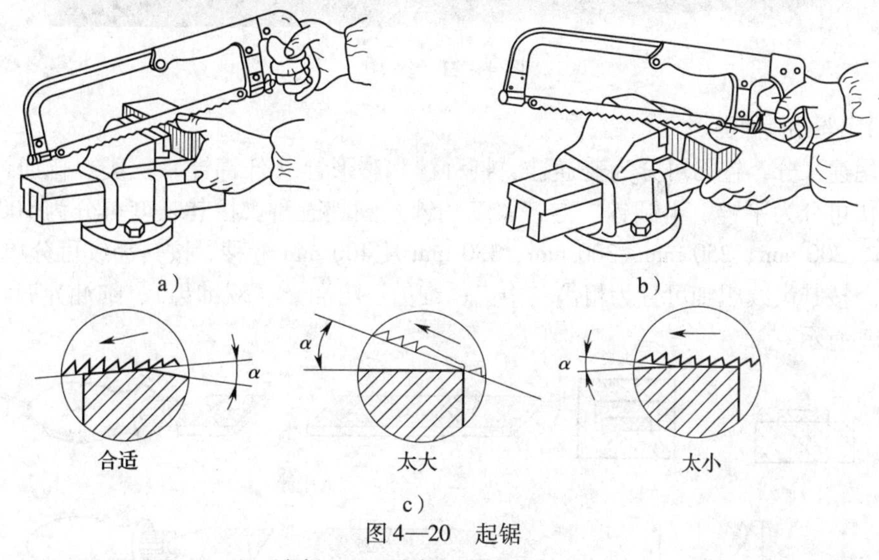

图4—20　起锯

a）远起锯　b）近起锯　c）起锯角太大或太小

（5）锯削注意事项

1）锯条要装得松紧适当，锯削时不要突然用力过猛，防止锯条折断从锯弓上崩出伤人。

2）工件夹持要牢固，以免工件松动、锯缝歪斜、锯条折断。

3）要经常注意锯缝的平直情况，如发现歪斜应及时纠正。歪斜过多纠正困难，不能保证锯削的质量。

4）工件将锯断时压力要小，避免压力过大使工件突然断开，手向前冲造成事故。一般工件将锯断时要用左手扶住工件断开部分，以免落下伤脚。

5）在锯削钢件时，可加些机油，以减少锯条与工件的摩擦，提高锯条的使用寿命。

五、锉削

用锉刀对工件表面进行切削，使其达到零件图所要求的形状、尺寸和表面粗糙度的加工方法称为锉削。锉削加工简便，工作范围广，多用于錾削、锯削之后。可对工件上的平面、曲面、内外圆弧、沟槽以及其他复杂表面进行加工。其最高加工精度可达IT7～IT8级，表面粗糙度值 Ra 可达0.8 μm。

1．锉刀

锉刀是锉削的主要工具，常用碳素工具钢T12、T13制成，并经热处理淬硬至62～67HRC。它由锉刀面、锉刀边、锉刀舌、锉刀尾、木柄等部分组成，如图4—21所示。

图 4—21　锉刀

（1）锉刀的种类

按用途来分，锉刀可分为普通锉、特种锉和整形锉（什锦锉）三类。普通锉按其截面形状可分为平锉、半圆锉、方锉、三角锉及圆锉五种。按其长度可分为 100 mm、150 mm、200 mm、250 mm、300 mm、350 mm 及 400 mm 七种。按其齿纹可分单齿纹、双齿纹。按其齿纹粗细可分为粗齿、中齿、细齿、粗油光（双细齿）、细油光五种，如图 4—22 所示。

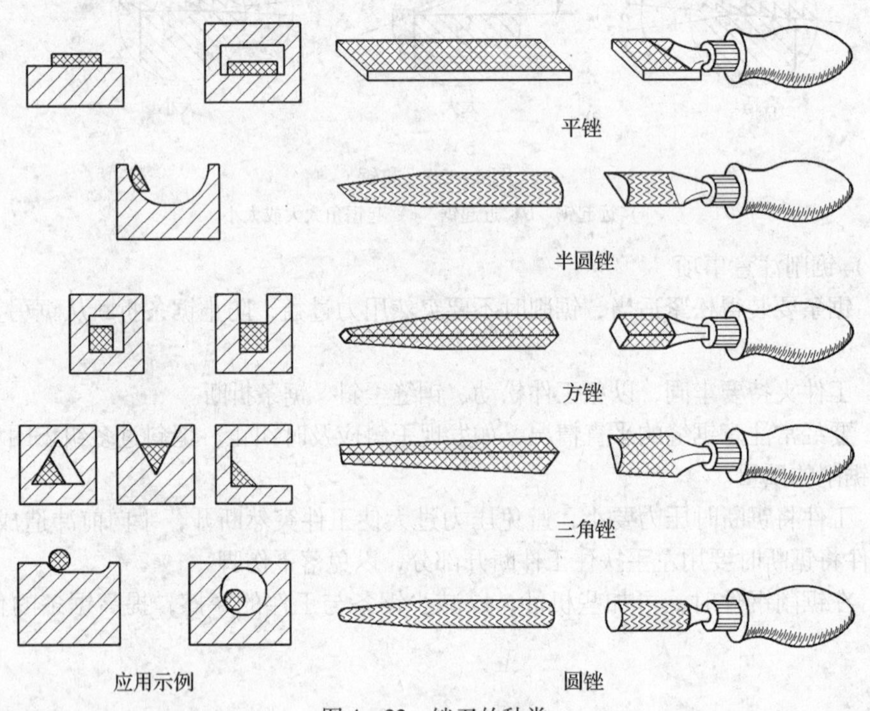

图 4—22　锉刀的种类

整形锉（什锦锉）主要用于精细加工及修整工件上难以机加工的细小部位。它由若干把各种截面形状的锉刀组成一套，如图 4—23 所示。

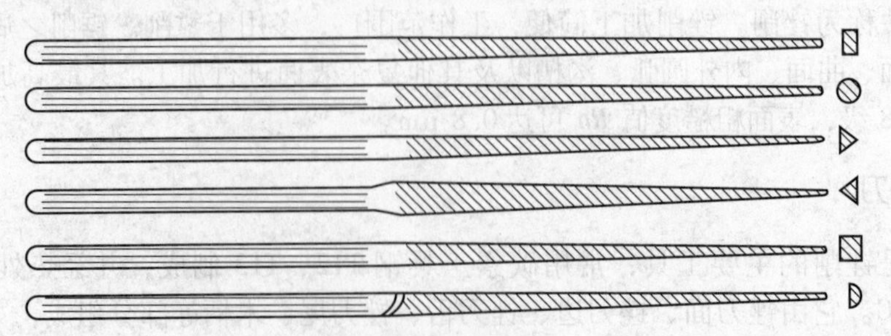

图 4—23　整形锉

（2）锉刀的选用

合理选用锉刀，对保证加工质量、提高工作效率和延长锉刀使用寿命有很大的影响。一般选择原则是：

1）根据工件形状和加工面的大小选择锉刀的形状和规格。

2）根据材料软硬、加工余量、精度和表面粗糙度的要求选择锉刀齿纹的粗细。

2. 锉削操作要领

（1）锉刀的握法

1）大锉刀的握法。右手心抵着锉刀木柄的端头，拇指放在锉刀木柄的上面，其余四指弯在下面，配合拇指捏住锉刀木柄。左手则根据锉刀大小和用力的轻重，有多种姿势，如图 4—24 所示。

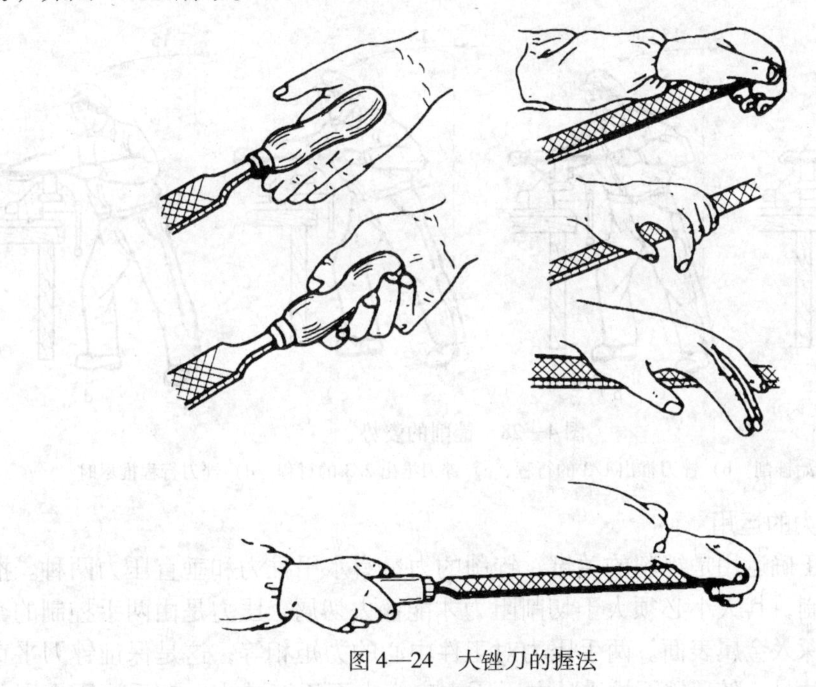

图 4—24　大锉刀的握法

2）中锉刀的握法。右手握法与大锉刀握法相同，左手用拇指和食指捏住锉刀前端，如图 4—25 所示。

3）小锉刀的握法。右手食指伸直，拇指放在锉刀木柄上面，食指靠在锉刀的刀边，左手几个手指压在锉刀中部，如图 4—26 所示。

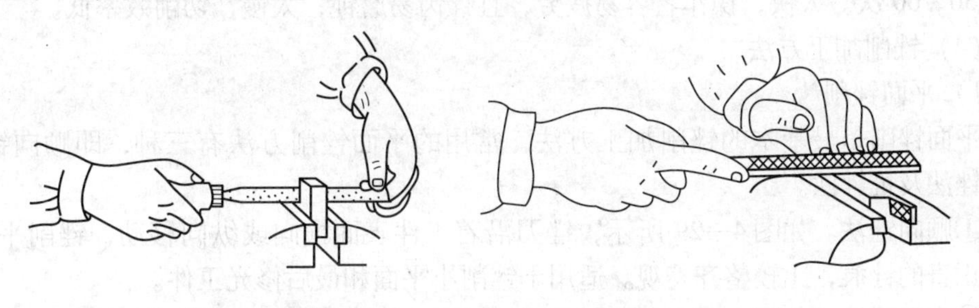

图 4—25　中锉刀的握法　　图 4—26　小锉刀的握法

4）更小锉刀（什锦锉）的握法。一般只用右手拿着锉刀，食指放在锉刀上面，拇指放在锉刀的左侧，如图 4—27 所示。

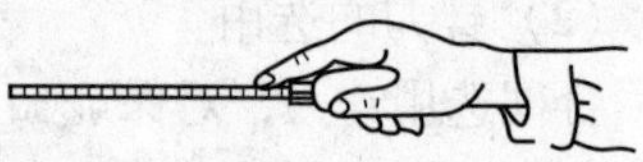

图 4—27　更小锉刀（什锦锉）的握法

（2）锉削的姿势

如图 4—28 所示，锉削时，两脚站稳不动，靠左膝的屈伸使身体做往复运动，手臂和身体的运动要互相配合，并要使锉刀的全长充分利用。开始锉削时身体要向前倾 10°左右，左肘弯曲，右肘向后（见图 4—28a）。锉刀推出 1/3 行程时，身体向前倾斜 15°左右（见图 4—28b），这时左腿稍弯曲，左肘稍直，右臂向前推。锉刀推到 2/3 行程时身体逐渐倾斜到 18°左右（见图 4—28c），左腿继续弯曲，左肘渐直，右臂向前使锉刀继续推进，直到推尽，身体随着锉刀的反作用退回到 15°位置（见图 4—28d）。行程结束后，把锉刀略微抬起，使身体与手恢复到开始时的姿势，如此反复。

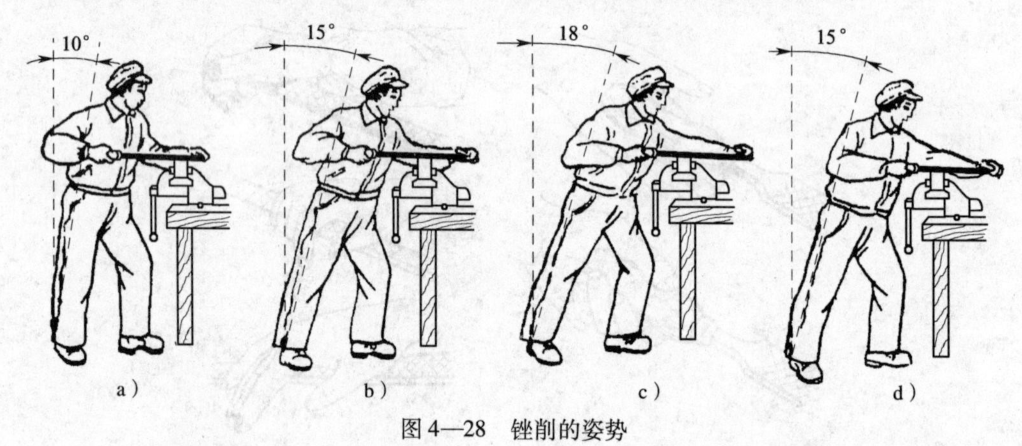

图 4—28　锉削的姿势

a）开始锉削　b）锉刀推出 1/3 的行程　c）锉刀推出 2/3 的行程　d）锉刀行程推尽时

（3）锉削力的运用

锉削力的正确运用是锉削的关键。锉削的力量有水平推力和垂直压力两种。推力主要由右手控制，其大小必须大于切削阻力才能锉去切屑。压力是由两手控制的，其作用是使锉齿深入金属表面。两手压力对工件中心的力矩相等，这是保证锉刀平直运动的关键。方法是：随着锉刀推进，左手压力应由大而逐渐减小，右手的压力则由小而逐渐增大，到中间时两手相等。锉削时，对锉刀的总压力不能太大，因为锉齿存屑空间有限，压力太大只能使锉刀磨损加快。但压力也不能过小，过小锉刀打滑，达不到切削目的。一般是以在向前推进时手上有一种韧性感觉为适宜。锉削速度一般为每分钟 30 ~ 60 次。太快，操作者容易疲劳，且锉齿易磨钝；太慢，切削效率低。

（4）锉削加工方法

1）平面锉削

平面锉削是最基本的锉削加工方法，常用的平面锉削方法有三种，即顺向锉法、交叉锉法及推锉法。

①顺向锉法。如图 4—29 所示，锉刀沿着工件表面横向或纵向移动，锉削平面可得到正直的锉痕，比较整齐美观。适用于锉削小平面和最后修光工件。

②交叉锉法。如图 4—30 所示，是以交叉的两方向顺序对工件进行锉削。由于锉

痕是交叉的，容易判断锉削表面的不平程度，因而也容易把表面锉平。交叉锉法去屑较快，适用于平面的粗锉。

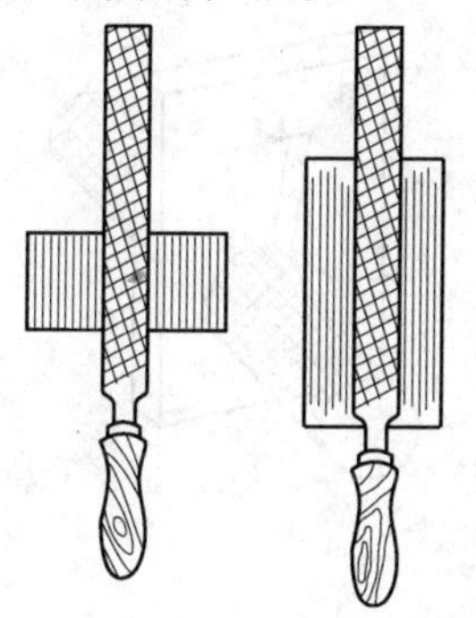

图 4—29　顺向锉法

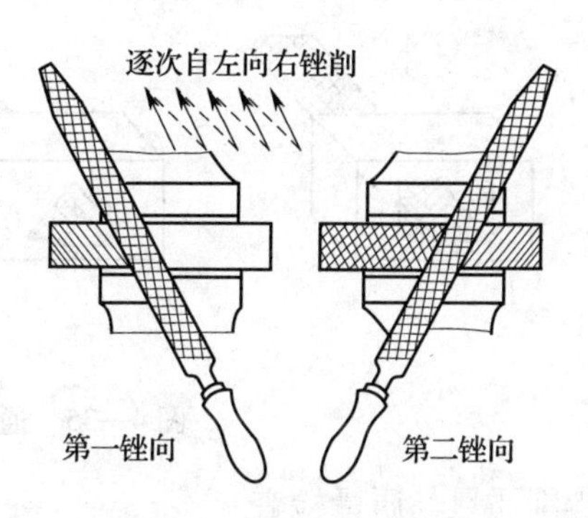

图 4—30　交叉锉法

③推锉法。如图 4—31 所示，两手对称地握住锉刀，用两拇指推锉刀进行锉削。这种方法适用于较窄表面且已经锉平、加工余量很小的情况下，来修正尺寸和减小表面粗糙度值。

2）圆弧面（曲面）的锉削

①外圆弧面锉削。锉刀要同时完成两个运动：锉刀的前推运动和绕圆弧面中心的转动。前推是完成锉削，转动是保证锉出圆弧形状。常用的外圆弧面锉削方法有两种：滚锉法、横锉法。

滚锉法是使锉刀顺着圆弧面锉削，此法用于精锉外圆弧面，如图 4—32 所示。

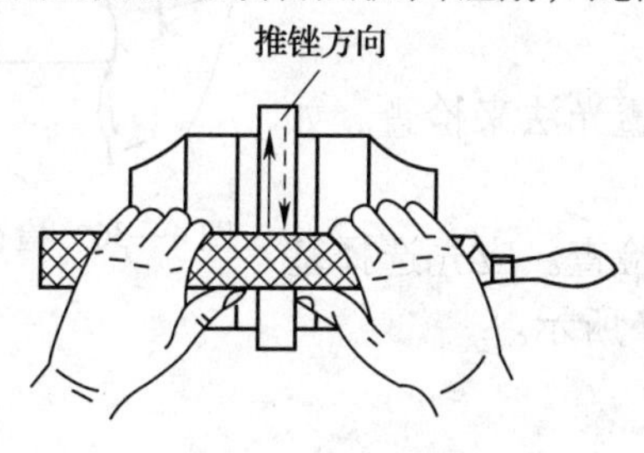

图 4—31　推锉法

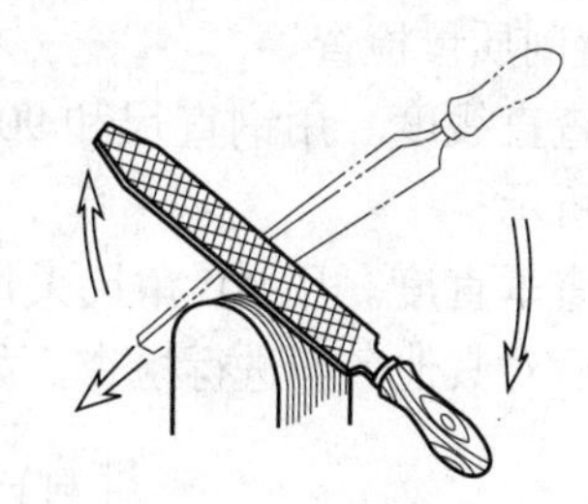

图 4—32　滚锉法

横锉法是使锉刀横着圆弧面锉削，此法用于粗锉外圆弧面或不能用滚锉法的情况，如图 4—33 所示。

② 内圆弧面锉削。如图 4—34 所示，锉刀要同时完成三个运动：锉刀的前推运动、锉刀的左右移动和锉刀自身的转动。否则，锉不好内圆弧面。

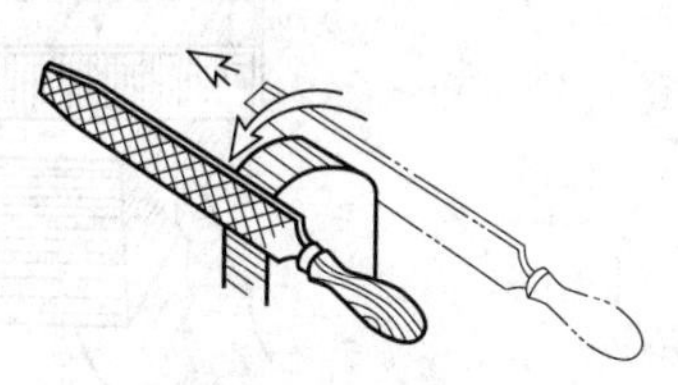

图 4—33　横锉法

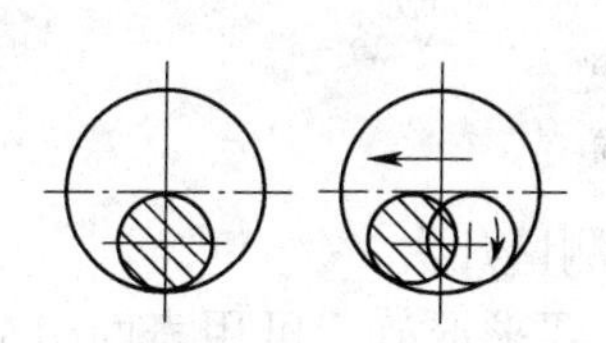

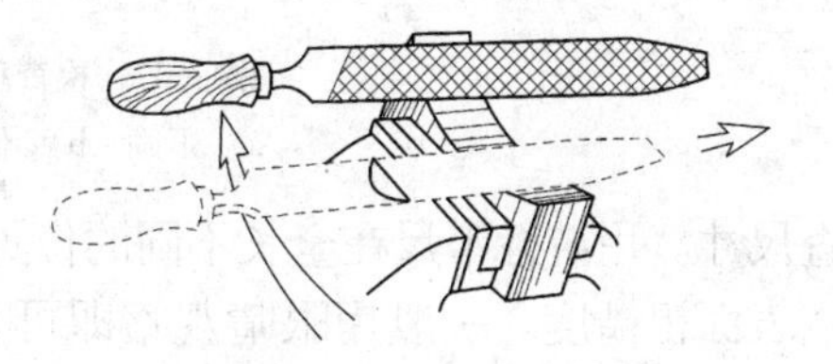

图 4—34　内圆弧面锉削

3）通孔的锉削。如图 4—35 所示，根据通孔的形状、工件材料、加工余量、加工精度和表面粗糙度来选择所需的锉刀。

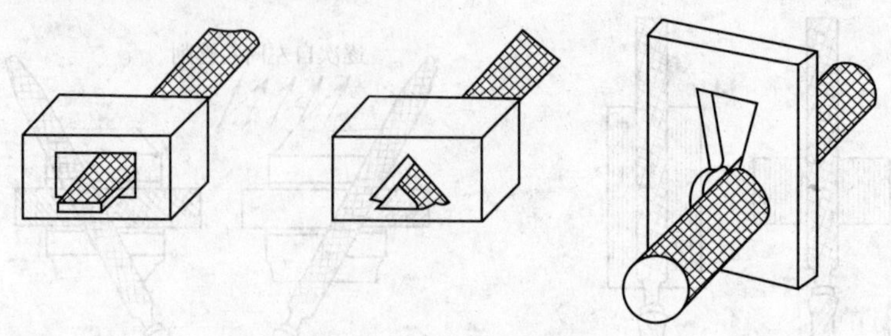

图 4—35　通孔的锉削

（5）锉削质量与质量检查

1）锉削质量问题

①平面中凸、塌边和塌角。由于操作不熟练，锉削力运用不当或锉刀选用不当所造成。

②形状、尺寸不准确。由于划线错误或锉削过程中没有及时检查工件尺寸所造成。

③表面较粗糙。由于锉刀粗细选择不当或锉屑卡在锉齿间所造成。

④锉掉了不该锉的部分。由于锉削时锉刀打滑，或者没有注意带锉齿工作边和不带锉齿的光边而造成。

⑤工件被夹坏。这是由于在虎钳上夹持不当而造成的。

2）锉削质量检查

①检查直线度。用钢直尺和 90° 角尺以透光法来检查。如图 4—36 所示。

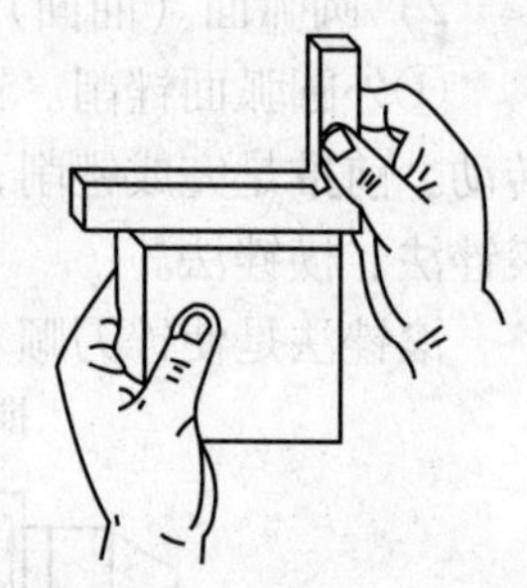

图 4—36　检查直线度

②检查垂直度。用 90° 角尺采用透光法检查。应先选择基准面，然后对其他各面进行检查。如图 4—37 所示。

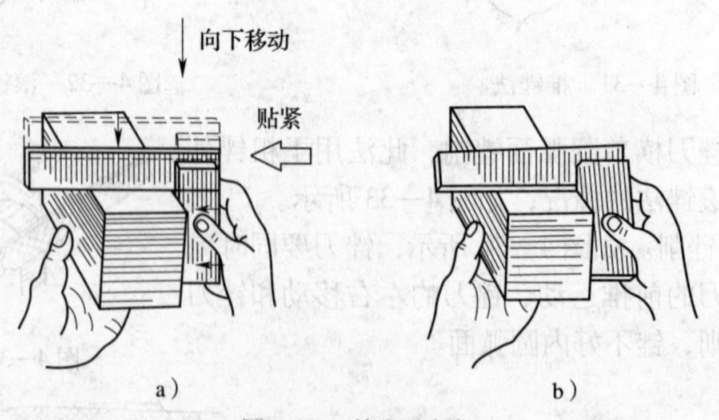

图 4—37　检查垂直度

a）正确　b）不正确

③检查尺寸。用游标卡尺在全长不同的位置上测量几次。

④检查表面粗糙度。一般用眼睛观察即可。如要求准确，可用表面粗糙度样板对照检查。

（6）锉削注意事项

1）不准使用无柄锉刀锉削，以免被锉舌戳伤手。

2）不准用嘴吹锉屑，以防锉屑飞入眼中。

3）锉削时，锉刀柄不要碰撞工件，以免锉刀柄脱落伤人。

4）放置锉刀时不要把锉刀露出钳台外面，以防锉刀落下砸伤操作者。

5）锉削时不可用手摸被锉过的工件表面，因手有油污会使锉削时锉刀打滑而造成事故。

6）锉刀齿面塞积切屑后，用钢丝刷顺着锉纹方向刷去锉屑。

> 操作时要把注意力集中在以下两方面：
>
> 一是操作姿势、动作要正确。
>
> 二是两手用力方向、大小变化正确、熟练。要经常检查加工面的平面度和直线度情况，来判断和改进锉削时的施力变化，逐步掌握平面锉削的技能。

六、孔加工

各种零件上的孔加工，除去一部分用车、镗、铣等机床完成外，很大一部分是由钳工利用各种钻床和钻孔工具完成。钳工加工孔的方法一般是指钻孔。用钻头在实心工件上加工孔叫钻孔。钻孔的加工精度一般在 IT11 级以下，表面粗糙度值为 *Ra* 50 ~ 63 μm。

1. 钳工钻孔工具

钳工钻孔的工具通常有钻床和钻头。

（1）钻床

常用的钻床有台式钻床、立式钻床、摇臂钻床三种。手电钻也是常用钻孔工具。如图 4—38 所示。

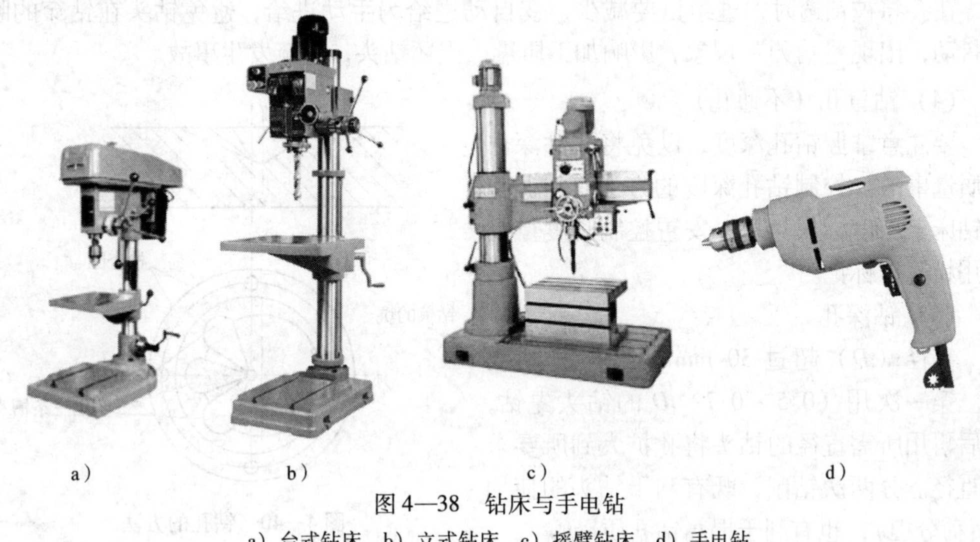

a）　b）　c）　d）

图 4—38　钻床与手电钻

a）台式钻床　b）立式钻床　c）摇臂钻床　d）手电钻

（2）钻头

钻头是钻孔用的主要刀具，用高速钢制造，工作部分热处理淬硬至62～65HRC。它由柄部、颈部及工作部分组成，如图4—39所示。

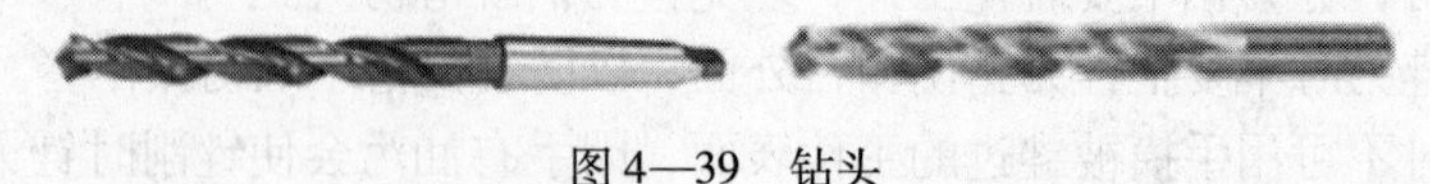

图4—39　钻头

1）柄部。它是钻头的夹持部分，起传递动力的作用，有直柄和锥柄两种。直柄传递扭矩力较小；锥柄顶部是扁尾，起传递扭矩作用。

2）颈部。它是在制造钻头时砂轮磨削退刀用的，钻头直径、材料、厂标一般也刻在颈部。

3）工作部分。包括导向部分与切削部分。

2. 钻孔操作要领

（1）切削用量的选择

钻孔切削用量是指钻头的切削速度、进给量和背吃刀量的总称。切削用量越大，单位时间内切除量越多，生产效率越高。但切削用量受到钻床功率、钻头强度、钻头耐用度、工件精度等许多因素的限制，不能任意提高。

钻孔时选择切削用量的基本原则是：在允许范围内，尽量先选较大的进给量，当进给量受孔表面粗糙度和钻头刚度的限制时，再考虑较大的切削速度。

（2）按划线位置钻孔

工件上的孔径圆和检查圆均需打上样冲眼作为加工界线，中心眼应打大一些。钻孔时先用钻头在孔的中心锪一小窝（占孔径的1/4左右），检查小窝与所划圆是否同心。如稍偏离，可用样冲将中心冲大矫正或移动工件借正，便可逐渐将偏斜部分矫正过来。如图4—40所示。

（3）钻通孔

在孔将被钻透时，进给量要减少，变自动进给为手动进给，避免钻头在钻穿的瞬间抖动，出现“啃刀”现象，影响加工质量，损坏钻头，甚至发生事故。

（4）钻盲孔（不通孔）

要注意掌握钻孔深度，以免将孔钻深出现质量事故。控制钻孔深度的方法有：调整好钻床上深度标尺挡块；安置控制长度量具或用粉笔作标记。

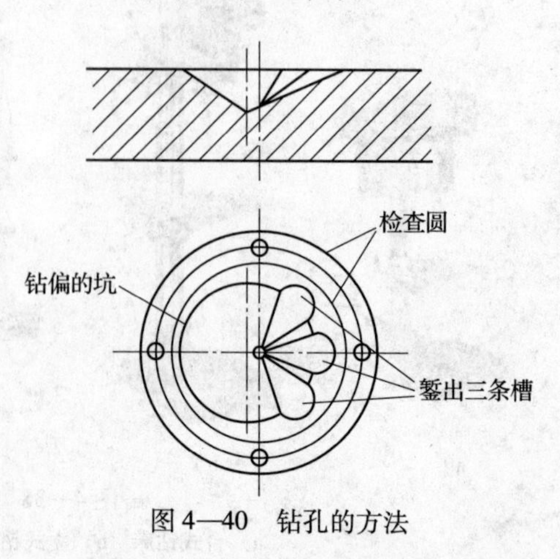

图4—40　钻孔的方法

（5）钻深孔

直径（D）超过30 mm的孔应分两次钻。第一次用（0.5～0.7）D的钻头先钻，然后再用所需直径的钻头将孔扩大到所要求的直径。分两次钻削，既有利于钻头的使用（负荷分担），也有利于提高钻孔质量。

(6) 钻削时的冷却润滑

钻削钢件时，为降低表面粗糙度，多使用机油作冷却润滑液（切削液）；为提高生产效率则多使用乳化液。钻削铝件时，多用乳化液、煤油。钻削铸铁件则用煤油。

3. 钻孔操作要点

(1) 用小钻头钻孔时，转速可快些，进给量要小些。

(2) 用大钻头钻孔时，转速要慢些，进给量适当大些。

(3) 钻硬材料时，转速要慢些，进给量要小些。

(4) 钻软材料时，转速要快些，进给量要大些。

(5) 用小钻头钻硬材料时，可以适当地减慢速度。

(6) 钻孔时手进给的压力是根据钻头的工作情况，以目测和感觉进行控制，在实习中应注意掌握。

七、螺纹加工

工件圆柱表面上的螺纹称为外螺纹，工件圆柱孔内侧面上的螺纹称为内螺纹。常用的三角形螺纹工件，其螺纹除采用机械加工外，还可以通过攻螺纹和套螺纹等钳工加工方法获得。

攻螺纹（攻丝）是用丝锥加工出内螺纹，套螺纹（套丝）是用板牙在圆杆上加工出外螺纹。

1. 螺纹加工工具

(1) 丝锥

丝锥是专门用来加工小直径内螺纹的成形刀具，如图 4—41 所示。

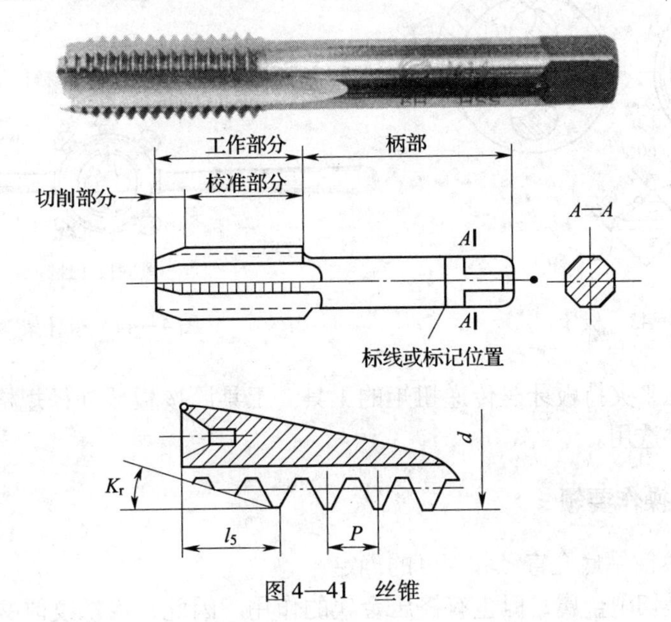

图 4—41 丝锥

丝锥的基本结构形状像一个螺钉，轴向有几条容屑槽，相应地开成几瓣切削刃，由工作部分和柄部组成，其中工作部分由切削部分与校准部分组成。切削部分常磨成圆形，以便使切削负荷分配在几个刀齿上，其作用是切去孔内螺纹牙间的金属。校准部分的作用是修光螺纹和引导丝锥。丝锥上有三四条容屑槽，便于容屑和排屑。柄部为方头，其作用是与铰杠相配合并传递扭矩。

（2）铰杠（铰手）

铰杠是用来夹持丝锥的工具，如图 4—42 所示。

常用的是可调式铰杠，旋动右边手柄，即可调节方孔的大小，以便夹持不同尺寸的丝锥。铰杠长度应根据丝锥尺寸大小进行选择，以便控制攻螺纹时的施力（扭矩），防止丝锥因施力不当而折断。

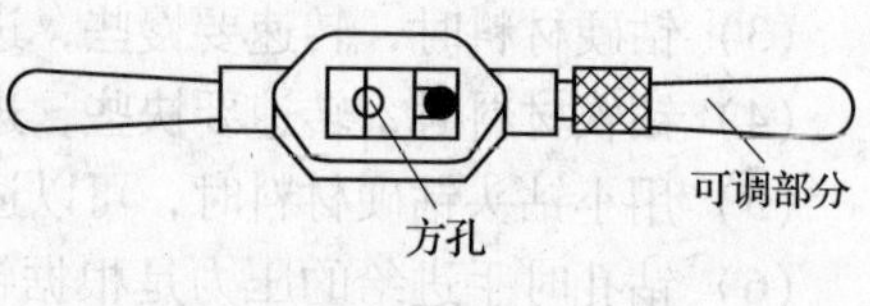

图 4—42　铰杠（铰手）

（3）板牙

板牙是加工外螺纹的刀具，由合金工具钢 9SiCr 制成并经热处理淬硬。其外形像一个圆螺母，只是上面钻有几个排屑孔，并形成切削刃，如图 4—43 所示。

板牙由切削部分、定径部分、排屑孔（一般有三四个）组成。排屑孔的两端有 60° 的锥度，起着主要的切削作用。定径部分起修光作用。板牙的外圆有一条深槽和 4 个锥坑，锥坑用于定位和紧固板牙，当板牙的定径部分磨损后，可用片状砂轮沿槽将板牙切割开，借助调紧螺钉将板牙直径缩小。

（4）板牙架

板牙是装在板牙架上使用的，如图 4—44 所示。

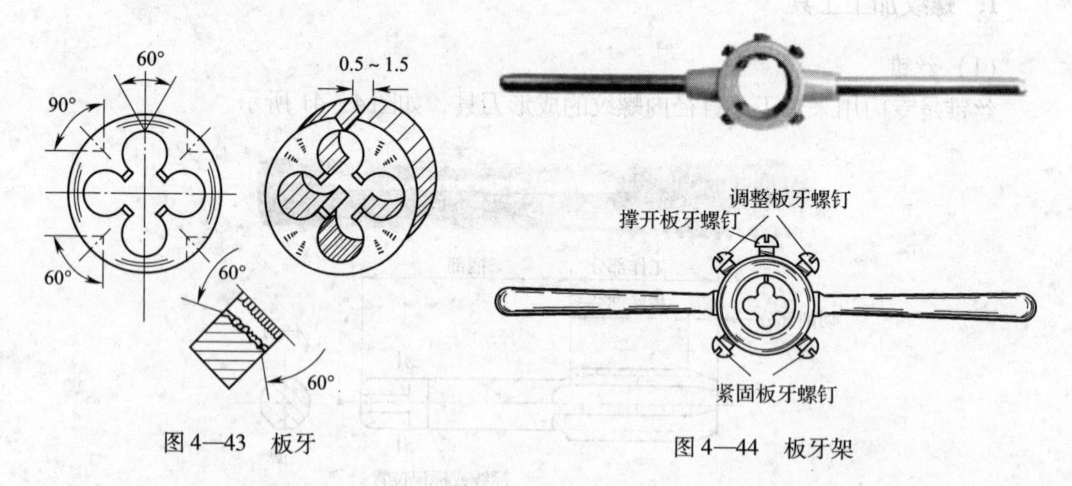

图 4—43　板牙

图 4—44　板牙架

板牙架是用来夹持板牙、传递扭矩的工具。工具厂按板牙外径规格制造了各种配套的板牙架，供选用。

2. 攻螺纹操作要领

（1）攻螺纹前钻底孔直径和深度的确定

丝锥主要是切削金属，但也有挤压金属的作用。因此，攻螺纹前的底孔直径（即

钻孔直径）必须大于螺纹标准中规定的螺纹内径。确定底孔钻头直径 d_0 的方法，可采用查表法（见有关手册资料）确定，或用下列经验公式计算：

对钢料及韧性金属：$d_0 \approx d - P$

对铸铁及脆性金属：$d_0 \approx d - (1.05 \sim 1.1)\ P$

式中　d_0——底孔直径；

d——螺纹公称直径；

P——螺距。

攻盲孔（不通孔）的螺纹时，因为丝锥不能攻到底，所以孔的深度要大于螺纹长度，盲孔深度可按下列公式计算，即孔的深度 = 所需螺孔深度 $+0.7d$。

（2）攻螺纹的操作方法

先将螺纹钻孔端面孔口倒角，以利于丝锥切入。先旋入一两圈，检查丝锥是否与孔端面垂直（可用目测或90°角尺在互相垂直的两个方向检查），然后继续使铰杠轻压旋入。当丝锥的切削部分已经切入工件后，可只转动而不加压，每转一圈应反转 1/4 圈，以便切屑断落，如图 4—45 所示。攻完头锥再继续攻二锥、三锥。每更换一锥，先要旋入一两圈，扶正定位，再用铰杠，以防乱扣。攻钢料工件时，加机油润滑可使螺纹光洁，并能延长丝锥使用寿命；对铸铁件，可加煤油润滑。

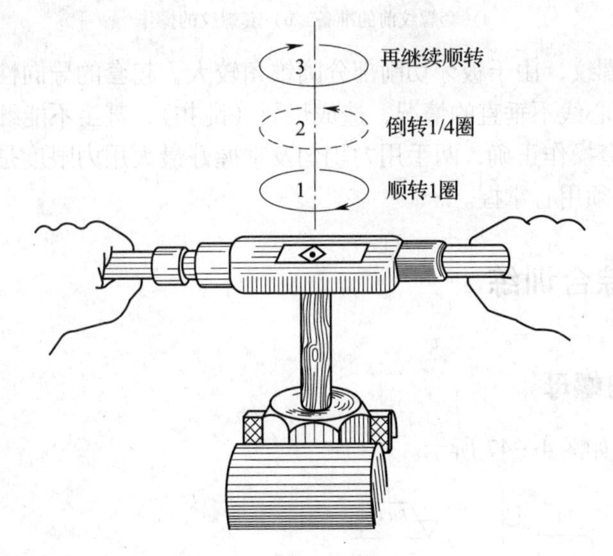

图 4—45　攻螺纹的操作方法

3. 套螺纹操作要领

（1）套螺纹前圆杆直径的确定

圆杆外径太大，板牙难以套入；太小，套出的螺纹牙形不完整。因此，圆杆直径应稍小于螺纹公称尺寸。计算圆杆直径的经验公式为：

$$圆杆直径 \approx 螺纹外径 - 0.31P$$

（2）套螺纹的操作方法

套螺纹的圆杆端部应倒角，如图 4—46 所示，使板牙容易对准工件中心，同时也容易切入。工件伸出钳口的长度，在不影响螺纹要求长度的前提下，应尽量短些。套螺纹过程与攻螺纹相似。板牙端面应与圆杆垂直，操作时用力要均匀。开始转动板牙时，要稍加压力；套入三四扣后，可只是转动不加压，并经常反转，以便断屑。

（3）攻螺纹与套螺纹的操作要点

1）起攻、起套要从前后、左右两个方向观察与检查，及时进行垂直度的找正。这是保证攻螺纹、套螺纹质量的重要操作步骤。

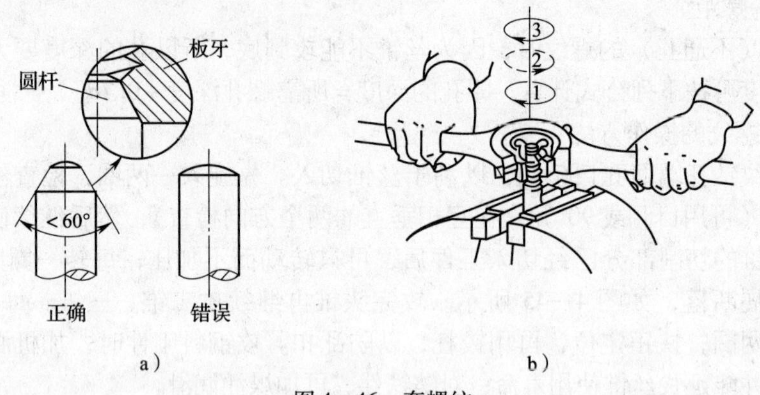

图 4—46　套螺纹

a）套螺纹前的准备　b）套螺纹的操作

2）特别是套螺纹，由于板牙切削部分圆锥角较大，起套的导向性较差，容易产生板牙端面与圆杆轴心线不垂直的情况，造成烂牙（乱扣），甚至不能继续切削。

3）起攻、起套操作正确，两手用力均匀及掌握好最大用力限度是攻螺纹、套螺纹的基本功之一，必须用心掌握。

八、钳工综合训练

1．制作六角螺母

六角螺母图样如图 4—47 所示。

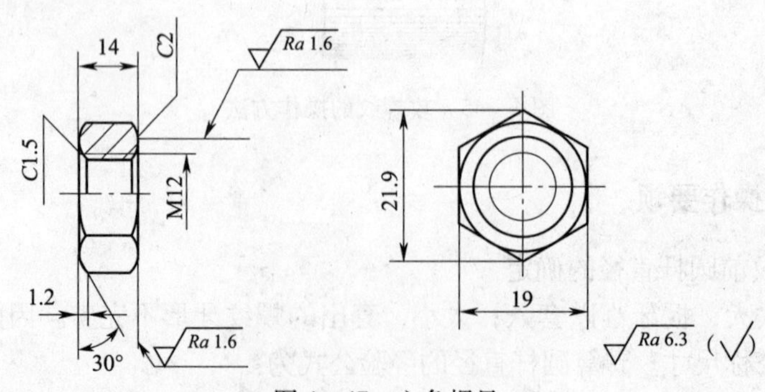

图 4—47　六角螺母

加工步骤：

（1）划线，确定正六边形各顶点及中心并打好样冲点。

（2）加工第一条边到平直。

（3）加工第一条边的对边，保证尺寸 19 mm。

（4）加工第一条边的邻边，保证角度 120°。

（5）加工步骤 4 的边的对边，同样保证尺寸 19 mm，并同时保证与步骤 3 的边的角度。

（6）依次加工完最后的两条边，得到完整的正六边形。

（7）在中心处钻孔 $\phi10$。

（8）用 M12 丝锥进行攻螺纹。

应注意的事项：

在制作六角件时，为保证加工表面光洁，要经常清除锉刀齿内的锉屑，并在齿面上涂上粉笔灰。应保证按正确的加工步骤进行加工并对各面经常进行检查，保证对边距和对角距的同时，还要保证各侧面间角度及各侧面与两底面的垂直。

2. 制作手锤

手锤图样如图 4—48 所示。

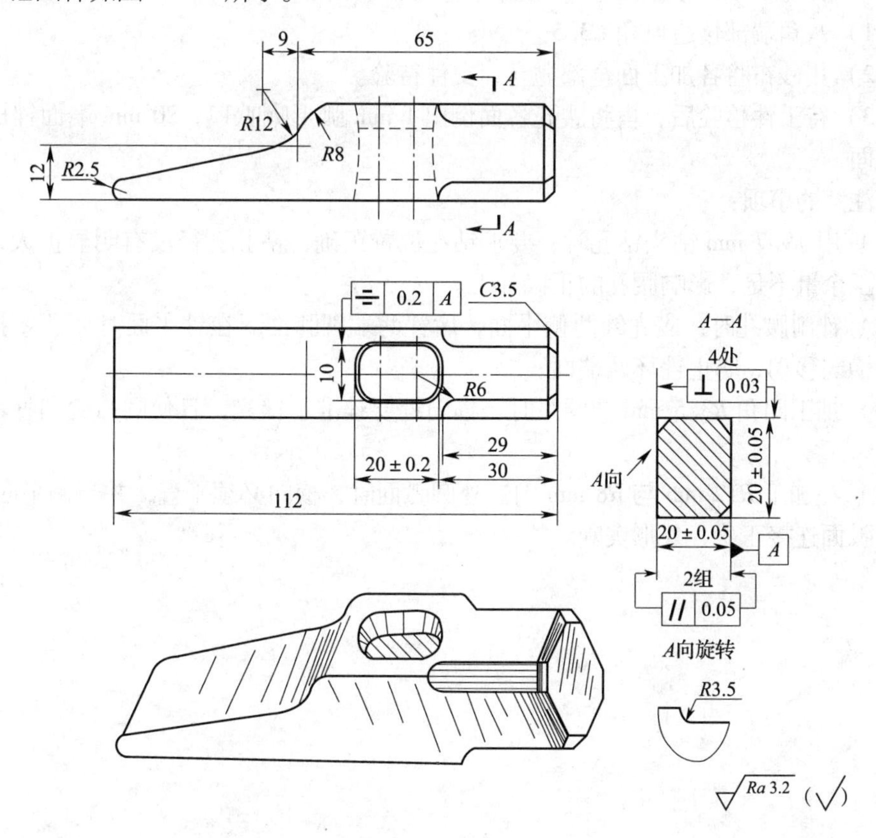

图 4—48 手锤

加工步骤：

（1）检查来料尺寸。

（2）按图样要求锉准 20 mm × 20 mm × 112 mm 长方体。

（3）以长面为基准锉一端面，达到基本垂直，表面粗糙度 $Ra \leqslant 3.2\ \mu m$。

（4）以一长面及端面为基准，划出形体加工线（两面同时划出），并按图样尺寸划出 $4 \times C3.5$ 倒角加工线。

（5）锉 $4 \times C3.5$ 倒角达到要求。方法：先用圆锉粗锉出 $R3.5$ mm 圆弧，然后分别用粗、细扁锉倒角，再用圆锉细加工 $R3.5$ mm 圆弧，最后用推锉法修整，并用砂布抛光。

（6）划出腰孔加工线及钻孔检查线，并用 $\phi 9.7$ mm 钻头钻孔。

（7）用圆锉锉通两孔，然后用掏锉按图样要求锉好腰孔。

（8）先按划线在 $R12$ mm 处钻 $\phi 5$ mm 孔，然后用手锯按加工线锯去多余部分（留锉削余量）。

（9）先用半圆锉按线粗锉 $R12$ mm 内圆弧面，用扁锉粗锉斜面与 $R8$ mm 圆弧面至划线线条，然后用细扁锉细锉斜面，用半圆锉细锉 $R12$ mm 内圆弧面，再用细扁锉细锉 $R8$ mm 外圆弧面。最后用细扁锉及半圆锉做推锉修整，达到各型面连接圆滑、光洁、纹理齐正。

（10）锉 $R2.5$ mm 圆头，并保证工件总长 112 mm。

（11）八角端部棱边倒角 $C3.5$。

（12）用砂布将各加工面全部抛光，交件待验。

（13）待工件检验后，再将腰孔各面倒出 1 mm 弧形喇叭口，20 mm 端面锉成略呈凸弧形面。

应注意的事项：

（1）用 $\phi 9.7$ mm 钻头钻孔时，要求钻孔位置正确，钻孔孔径没有明显扩大，以免造成加工余量不足，影响腰孔的正确加工。

（2）锉削腰孔时，应先锉两侧平面，后锉两端圆弧面。在锉平面时要注意控制好锉刀的横向移动，防止锉坏两端面。

（3）加工四角 $R3.5$ mm 凹圆弧时，横向锉要锉准、锉光，且使圆弧尖角处不易塌角。

（4）在加工 $R12$ mm 与 $R8$ mm 内、外圆弧面时，横向必须平直，并与侧平面垂直，才能使弧面连接正确、外形美观。